西北地区城市化发展对气候要素序列的影响检测

方 锋 王 静 等 著

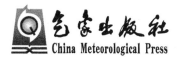

气象出版社

China Meteorological Press

内容简介

本书介绍了西北地区气候变化背景下,不同人口规模和不同区域环境城市的气温、降水、风速、日照、相对湿度、水汽压和极端温度等气候要素的变化趋势,对比了不同经济时期城市及其周边气候要素趋势的时空差异,检测了大气环流系统和社会经济指标对城市气候变化的分别作用和影响,明确了主导西北地区城市气候变化的主要因素。本书重点检测了以城市化发展为总体代表的人为活动在区域气候变化趋势中的作用与贡献,旨在为政府有关部门了解气候变化的总体趋势,并采取适当的措施应对和适应气候变化,为社会经济可持续发展提供科学参考。

本书可供气象、水文、环境和经济等相关领域从事科研和业务的专业技术人员以及政府有关管理人员参考,也可供相关学科的大专院校师生参考阅读。

图书在版编目(CIP)数据

西北地区城市化发展对气候要素序列的影响检测 / 方锋等著. — 北京:气象出版社,2020.8

ISBN 978-7-5029-7165-6

Ⅰ.①西… Ⅱ.①方… Ⅲ.①城市化-影响-气候要素-研究-西北地区 Ⅳ.①P461

中国版本图书馆 CIP 数据核字(2020)第 159172 号

西北地区城市化发展对气候要素序列的影响检测

Xibei Diqu Chengshihua Fazhan dui Qihou Yaosu Xulie de Yingxiang Jiance

出版发行:气象出版社

地　　址:	北京市海淀区中关村南大街 46 号	邮政编码:	100081
电　　话:	010-68407112(总编室)　010-68408042(发行部)		
网　　址:	http://www.qxcbs.com	E-mail:	qxcbs@cma.gov.cn
责任编辑:	林雨晨　陈　红	终　　审:	吴晓鹏
责任校对:	张硕杰	责任技编:	赵相宁
封面设计:	博雅思企划		
印　　刷:	北京中石油彩色印刷有限责任公司		
开　　本:	787 mm×1092 mm　1/16	印　　张:	6
字　　数:	150 千字		
版　　次:	2020 年 8 月第 1 版	印　　次:	2020 年 8 月第 1 次印刷
定　　价:	30.00 元		

前　言

气候变化在全球范围内造成了空前的影响,天气气候格局的改变导致粮食生产面临威胁,海平面上升造成发生灾难性洪灾的风险也在增加。2019 年 9 月联合国气候行动峰会提出:气候变化是我们时代的决定性问题,而现在我们正处于一个采取行动的决定性时刻。虽然我们仍有时间应对气候变化,但这需要社会各界的空前努力,如果现在不采取紧急行动,未来适应这些影响会变得更加困难,成本也会更加高昂。20 世纪中后期以来,全球科学家在气候变化事实、气候变化影响、气候变化原因检测、气候变化适应和应对措施等方面开展了广泛而深远的研究。

秦大河院士参写的 IPCC 第四次评估报告(AR4)中就已经指出,人类活动很可能是最近 50 年全球气候变暖的主要原因,并在 AR4 给出了许多确凿的结论,但也指出许多方面仍存在科学不确定性,包括气候变化的观测事实,存在着观测资料和参考文献的区域不平衡和空白等等。国内学者在京津冀、长三角和珠三角等经济发达地区,开展了城市群扩展过程中天气气候格局变化、气候变化对区域经济影响以及城市化气候原因检测等研究,取得了丰硕的成果。而经济相对落后的中国西北地区,城市气候变化检测方面的研究比较少。

为了探索和补充中国西北在城市化气候检测方面的研究,本书作者以西北地区各省会城市和其他大中小规模的城市为对象,系统性地开展了城市发展对气温、降水、日照、湿度等主要气候要素的影响及贡献研究;并结合大气环流指标,区分了人为和自然两种作用在西北地区气候变化中的贡献;利用城市发展的主要经济指标与气候变量建模,得到了城市发展各指标对气候变化贡献的不同权重值和贡献。

全书分为 8 章。第 1 章为绪论(方锋),阐述了全球和我国气候变化事实、城市化气候检测的研究进展;以及本书关于研究思路、内容及技术路线的设计。第 2 章,研究区域及方法(方锋、王静),介绍西北自然地理和社会经济状况,明确研究的主要检测方法。第 3 章,西北地区城市化发展对城市气温的影响研究(方锋、王静、孙兰东、郭俊琴),分析了不同规模城市、不同地理环境城市气温变化的影响,提取了城市发展在升温中的贡献率。第 4 章,西北地区经济发展对降水趋势变化影响的研究(方锋、王毅荣、王大为、蒋友严),探索了城市和化工业对于降水量、降水日数、最大日降水量的影响,及其在降水趋势中的贡献。第 5 章,经济发展对其他气候要素的影响(方锋、王静、陈佩璇、黄鹏程),介绍城市化对气压、水汽压、风速、日照、最小相对湿度、极端气温等气候指标趋势的影响。第 6 章,人为活动与自然因素对气候变化作用的检测(方锋、孙兰东、林婧婧、王毅荣),通过自然要素和人为要素的趋势对比、突变检测、及其与气候指标趋势的关系模型,明确了驱动西北地区气候变化的主要原因。第 7 章,经济发展对城市气候影响的模拟(方锋、孙兰东、林婧婧、徐玉霞),建立了经济指标与气候要素的数学模型,分析了经济指标对气候影响的不同权重,提出减缓气候变化的适宜对策。第 8 章,简述了研究的主要结论(方锋、王静)。

本书出版得到甘肃省气象局"十人计划"项目(城市发展对气候变化影响检测研究及区域站降水资料适用性分析,编号:GSMArc2019-06),国家自然基金青年基金(编号:41705062),甘肃省气象局重点项目(甘肃省区域站降水极值评估分析,编号:Zd2019-02),甘肃省青年科技基金(气候变化背景下甘肃省农牧交错带气象干旱演变规律及其影响机制,编号:17JR5RA342);甘肃省气象局英才计划(气候变化背景下西北地区主汛期降水对东亚夏季风的响应及其在气候预测业务中作用,编号:GSMArc2019-09)等基金的资助,在此表示感谢!

本书编撰过程中,任国玉(国家气候中心)、钱栓(国家气象中心)、张强(甘肃省气象局)、白虎志(甘肃省气象局)、马鹏里(兰州区域气候中心)等专家给出了许多宝贵意见,在此一并感谢! 由于编撰仓促,虽经再三雠校,但仍难免错漏,敬请广大读者不吝指正。

方锋

2020 年 1 月 8 日

目　录

第 1 章　城市气候变化检测综述与研究设计

1.1　城市化气候研究

　　澳大利亚科学家白雪梅在《自然》杂志撰文,对城市与气候变化的研究重点进行了阐释。她认为气候过程极为复杂,尤其是在城市层面,城市可以作为研究和预测气候变化影响的有用指标。城市经常显示出气候变化的许多预期影响,包括更高的温度、更高的二氧化碳浓度和更高的干旱率。比如,在中国的一些城市,随着细微颗粒物影响云层,大气污染可能带来更强降水。因此,需要进行不同情境下的城市对比研究,从而解释这些相互作用。研究城市气候变化及其产生的原因、驱动力和发生背景,需要对国内外气候变化的基本事实进行了解。

1.1.1　气候变化事实

1.1.1.1　国外关于气候变化事实的研究

　　《联合国气候变化框架公约》(UNFCCC)第一款中,将"气候变化"定义为:"经过相当一段时间的观察,在自然气候变化之外由人类活动直接或间接地改变全球大气组成所导致的气候改变"。因此,UNFCCC 将因人类活动而改变大气组成的"气候变化"与归因于自然原因的"气候变率"区分开来。气候变化(climate change)研究主要为三方面:全球气候变暖(global warming)、酸雨(acid deposition)、臭氧层破坏(ozone depletion),其中全球气候变暖是人类目前最迫切的问题,关乎到人类的未来。气候变化都是涉及人类今后生存的大问题,从而也成为举世瞩目的重大科学问题。

　　自 19 世纪末期至 1990 年,南北半球陆地表面的季节和全年气温总体表现出 0.5 ℃ 的增温,但这种温度变化在北半球却呈现出不规则的反复,特别是在 1940—1970 年的某些季节还有 0.2 ℃ 的降温;而对于南半球则为持续稳定的增温趋势[1]。根据 1850 年以来全球地表温度的仪器观测资料,1995—2006 年有 11 年位列近 150 多年最暖的 12 个年份之中。最近 100 年(1906—2005 年)的温度线性趋势为 0.74 ℃(0.56～0.92 ℃),这一趋势大于《IPCC 第三次评估报告》给出的 0.6 ℃(0.4～0.8 ℃)的相应趋势(1901—2000 年)。全球温度普遍升高,在北半球高纬度地区温度升幅较大,陆地区域的变暖速率比海洋快。

　　1956—2005 年的线性变暖趋势为 0.13 ℃/10a(0.10～0.16 ℃),几乎是 1906—2005 年的 2 倍。在过去的 100 年中,北极温度升高的速率几乎是全球平均速率的 2 倍。20 世纪后半叶北半球平均温度很可能高于过去 500 年中任何一个 50 年期的平均温度,并且可能至少是过去 1300 年中的最高值。陆地区域的变暖速率比海洋快。全球温度普遍升高,北半球较高纬度地区温度升幅较大。陆地气温增加最强烈的季节为冬季,夏季增温最弱。

陆地面积仅占了全球面积的 29%。为了更好地分析全球气温的变化,Jones 和 Briffa[2]利用航海轮船测定的海面气温序列与地面气温序列合成了初步的全球气温序列,研究发现,20 世纪后 50 年比前 50 年的气温有明显的上升,其中北半球升温 0.20 ℃,南半球上升 0.25 ℃。Jones 同时也认为他对全球气温研究的结论存在一些不确定性,这些不确定性主要来自对 19 世纪海面温度的应用,虽然这些不确定性可能不足 0.1~0.2 ℃,但是因为它的应用可能会使全球气温变化的置信区间在 0.3~0.6 ℃。自 1961 年以来,全球海洋平均温度升高已延伸到至少 3000 m 的深度,海洋已经并且正在吸收气候系统增加热量的 80% 以上。对探空和卫星观测资料所作的新的分析表明,对流层中下层温度的升高速率与地表温度记录类似。

全球降水同气温一样,不同时期的不同区域都发生了较明显的变化,从区域分布来讲,降水变化的趋向和量级存在明显的差别。20 世纪以来,全球陆地降水总体上已经增加了 2%[3-4],虽然降水变化在时间和空间上的分布不是完全一致的,但是在统计上的表现却是显著的[5-6]。

相对来说,北半球的中高纬度地区,降水的增加更为明显,其中 30°—85°N,年降水量增加可以达到 7%~12%[7]。美国降水量在 20 世纪增加了 5%~10%,其降水主要在温暖季节出现增加趋势[6,8],而同期加拿大的降水平均增加超过了 10%[9]。20 世纪后期欧洲北部降水量表现出明显的上升趋势,而地中海南部地区整体呈现出相反的减少趋势。自 1891 年到 20 世纪 80 年代末期,东经 90°以西的区域降水无论是暖季,或者冷季都增加了 5% 左右[10-11]。

1910 年以来的阵雨数据反映出,澳洲西南部降水日数和总降水量有非常显著的下降[12],而澳洲其他大部地区的降水却显著地增加了 15%~20%,其增加原因与降水日数上升 10% 密切相关[13]。在南半球的其他地区,如阿根廷,1900—1998 年期间降水变化一直处于持续稳定的上升通道中[14]。最近 50 年,中国区域的降水量有一定的下降,降水日数的下降趋势率为 3.9%/10a,相反最大日降水量却上升了 10% 左右[15]。Dai[14]研究认为,全球范围的长期降水变化趋势与厄尔尼诺及其他气候因素的变率并没有明显的关联。

随着全球气候变化研究的不断深入,气候变化中的极端事件愈加受到科学家的重视,因为它带给自然生态和人类社会系统的影响远远超过其平均状态的影响[16-17]。在美国、前苏联、中亚、印度、日本和澳大利亚等国家或地区,20 世纪中期以来的水面蒸发量均有明显下降[18]。自 20 世纪 70 年代以来,陆地大部分地区的强降水事件(或强降水占总降雨的比例)发生频率有所上升;有明显的证据表明,极端降水事件在发生变化,对于美国大陆来说,暴雨(通过 0.05 显著性水平检验)和大暴雨(通过 0.01 显著性水平检验)次数的发生频率分别上升了 14% 和 20%[19-20]。

1.1.1.2　国内关于气候变化事实的研究

中国气候变化研究,尤其是在气温变化研究方面已经取得许多成果。研究表明,1905—2001 年中国平均气温上升了 0.79 ℃,平均增温速率约为 0.08 ℃/10a,这一数值略高于全球平均增温幅度的 0.07 ℃/10a;我国 1951—2000 年地表平均气温变暖幅度约为 1.1 ℃,增温速率接近 0.22 ℃/10a,比全球或半球同期平均增温速率明显偏高,地表气温增暖主要发生在 1990—2000 年。1951 年以来,我国北方地区气温上升显著,华北和东北地区的增温幅度最大[21-25]。

丁一汇等[26]发现,中国近 100 年的增温主要发生在冬季和春季,夏季气温变化不明显;与全球变化不同的是,中国 20 世纪 20—40 年代增温十分显著,而中国西南地区出现降温现象,春季和夏季降温尤为突出。长江中下游地区夏季平均气温也呈降低趋势。有关我国不同时段不同区域的平均最高、最低气温和极端最高、最低气温等的变化研究,揭示了区域日夜气温变化的不对称性,我国最低气温和最高气温都在变暖,最低气温升温速率大于最高气温升温速率[27-30]。由于气温上升,我国的气候生长期已明显增长,青藏高原和北方地区增长更多[31-32]。

降水变化研究表明:近 100 年和近 50 年中国年降水量变化趋势不显著,但年代际波动较大;1956—2002 年全国年平均降水量呈现增加趋势。中国年降水量变化趋势还存在明显的区域差异:1956—2000 年间,长江中下游和东南地区年降水量平均增加了 60～130 mm,西部大部分地区的年降水量也有比较明显的增加,东北北部和内蒙古大部分地区降水量有一定程度的增加;但是,华北、西北东部、东北南部等地区年降水量出现下降趋势,其中黄河、海河、辽河和淮河流域平均年降水量在 1956—2000 年约减少了 50～120 mm[25,29,33-34]。从季节上看,近 100 年中国秋季降水量略为减少,而春季降水量稍有增加[26]。

近 50 年中国的日照时间、水面蒸发量、近地面平均风速、总云量均呈显著减少趋势;风速减少最明显的地区在中国西北。但是,这些变化趋势的分析没有考虑城市化对台站观测记录的可能影响[26,35-36]。1961—1990 年中国地面太阳辐射和日照时数在减少(变暗),而自 1990 年以后又开始增加(变亮),但仍然低于 20 世纪 60 年代[25,37],这一现象在世界其他国家也有发现。1956 年以来,全国年平均水面蒸发量减少迅速,其变化速率为 −35 mm/10a,近 50 年水面蒸发量约减少 6% 左右;20 世纪 60—70 年代中国水面蒸发量均在 1971—2000 年的平均值以上变化,80 年代下降到平均值以下,1993 年达到历史最小值,近年来,蒸发量略有上升趋势[38-39]。在过去的 50 年,全国年平均风速也表现出明显减小趋势,明显的减小开始于 20 世纪 70 年代中期。西北地区风速减小最大,西南地区和东北北部地区风速减小幅度不大[26]。

近 50 年中国极端降水值和极端降水平均强度都有一定增强趋势,极端降水事件趋多,尤其在 20 世纪 90 年代,极端降水量出现比例明显趋于增大[26]。主要极端天气气候事件的频率和强度出现了明显变化,寒潮事件频数显著下降;华北和东北地区干旱趋重,长江中下游流域和东南沿海地区洪涝加重;登陆我国的台风数量呈现下降趋势,受此影响降雨量有所减少[40]。

1.1.2　气候变化对生态系统的影响

全球气候变化的事实毋庸置疑,近百余年的气候变化,特别是高温、干旱、台风、暴洪等各类极端气候事件的频繁发生对全球自然生态系统和人类社会系统产生了巨大的、甚至难以逆转的影响。

20 世纪 90 年代以来,亚洲海岸沿线的海平面以每年 1～3 mm 的速度上升,数百万人因为海平面上升和降水变化而遭受洪水和海水入侵的威胁,目前亚洲有超过 50% 的生物面临灭绝的危险;印度尼西亚的水稻因为气温上升而导致减产,最低气温每升高 1 ℃其产量将减少 10%;雨季的增多明显增加了洪水的爆发频率[41]。由于升温和海面上升等原因,预测分析,未来 30 年内,亚洲将要失去 88% 的珊瑚礁。越来越严重的高温热浪、洪水、更加长期的干旱等极端气候事件增加了疟疾、登革热等疾病的感染概率,其他影响人类健康的疾病和细菌繁衍和变异速度加快[41,42-43]。

大约从 1970 年以来,北大西洋的强热带气旋活动增加,而且有迹象表明其他一些区域强热带气旋活动也增加。1978 年以来的卫星资料显示,北极平均海冰面积以每 10 年 2.7% (2.1%～3.3%)的速率退缩,夏季的海冰退缩率更大,为每 10 年退缩 7.4%(5.0%～9.8%);

在南北半球,山地冰川和积雪平均面积已呈退缩趋势。自 1990 年以来,北半球季节性冻土面积最大减少了约 7%,春季冻土面积的减幅高达 15%。全球受干旱影响的面积已经明显扩大。大部分陆地地区的冷昼、冷夜和霜冻的发生频率减小,而热昼、热夜和热浪的发生频率已经增加。自 1975 年以来,在全世界范围内的极端高海平面事件增加。

大陆和大部分海洋的观测证据表明:多数自然系统正在受到区域气候变化的影响,特别是温度升高的影响。具有高可信度的结果是:与积雪、冰和冻土(包括多年冻土层)相关的自然系统受到了影响。例如,冰川湖泊范围扩大,数量增加;北极和南极部分生态系统发生变化,包括那些海冰生物群落以及处于食物链高端的食肉类动物的变化;春季特有现象出现时间提前,如树木出叶,动植物物种的地理分布朝两极和高海拔地区推移;农作物春播提前;由于林火和虫害造成森林干扰体系变更;对人类健康的某些方面的影响,如欧洲与热浪相关的死亡率、某些地区的传染病传播媒介的变化,以及北半球中高纬度地区引起的季节性花粉过敏提早开始并呈增加趋势。

1.1.3 气候变化归因与城市化发展进程

鉴于气候变化给全球生态系统以及人们生活健康等方面带来的严重影响,科学家们逐渐加强了对气候变化归因的分析。

1.1.3.1 驱动气候变化的主要因素

根据《联合国气候变化框架公约》关于气候变化的定义,导致气候变化的因素主要分为两大类:①以太阳活动、火山爆发等外强迫导致的气候系统动力结构的变化,即自然变率;②以温室气体排放、气溶胶和下垫面改变等人为因素的影响引起的变化,即人为变率。

早在 20 世纪 60—80 年代,就有很多科学家开始探索驱动气候变化发生的原因及其机理机制;同时,一些新的气候模式不断地被创建、发展和优化,科学家们试图通过模式来拟合、模拟和预测未来气候变化的趋势。但是,因为不同模式都存在各种各样的难以克服的不确定性因素,另外,模式所用数据质量、数据覆盖面和客观性不是很理想,因此气候变化的原因始终难以定量评价[44-50]。随着高分辨率卫星和雷达数据的应用,多模式的开发,集合模式的完善,更多新的研究成果为气候变化的监测和评估提供了丰富的参考依据。通过对超过 6000 份文献的分析评估、结果数据的同化和融合,IPCC 第四次报告指出:全球气候变暖有超过 90% 的可能是人类活动造成的,近 50 年的全球变暖主要是由人类活动排放的大量二氧化碳、甲烷、氧化亚氮等温室气体的增温效应造成的。

科学界普遍认为,地球升温最直接的原因是二氧化碳和其他被大气层捕获的因为燃烧化石燃料产生的温室气体浓度增加所致,另一个重要原因是全球能源消耗呈现不断加强上升的趋势,由于经济发展和人口增长导致的温室气体浓度在 21 世纪及更长时期内还将持续升高。根据美国橡树岭实验室研究报告,近代欧美等发达国家的工业化、城市化进程导致化石燃料大量消耗,毁林和土地变化等人为活动造成了全球温室气体剧烈上升,自 1750 年工业革命以来,全球累计排放了 1 万亿吨二氧化碳,其中发达国家排放约占总量的 80%[51-52]。

世界经济合作与发展组织(OECD)更是指出,人类活动的主要区域为城市。2008 年世界 50% 以上的人口已经生活在城市及城市附近的区域,全球城市经济产出已经占据全社会总产出的 80% 以上,85% 的人工温室气体(CO_2,CFCs 等)是在城市及城市区域周围生产的[53-54]。OECD 2010 年的报告也认为:全球超过 70% 的温室气体排放是由城市产生的。

上述研究基本上都认为城市是人类活动的主体,人为活动对气候的影响研究应该以城市为主体开展。

1.1.3.2　城市化发展进程

据联合国统计,世界总人口在 20 世纪的 100 年由 16.5 亿增长为 60.0 亿,而城市人口则由 2.2 亿迅速增长到 28 亿,城市人口增长明显快于总人口的增长。研究发现,全球约 70%～85% 的碳排放来自于城市,虽然这个数值目前因为如何定义城市及其边界以及城市数量到底为多少而不确定,但全世界城市人口仍然处于不断增加的趋势之中。联合国预测认为到 2050 年,世界城市人口将增长到 65 亿,到那时,全球绝大部分的人口将生活在城市中。

美国地理学家诺瑟姆把人口城市化过程分为三个阶段:初期阶段,城市化水平低,发展缓慢;中期阶段,城市化发展迅速,城市化水平大幅度提高;后期阶段,城市化水平达到一定高度,城镇人口增长缓慢甚至停滞。城市化起步最早现已进入后期发展阶段的英国,城市化进程接近 S 形曲线,美国的城市化也基本是 S 形轨迹(表 1.1)。城市化过程曲线实际上是导致城市化的社会经济结构变化和人口增长的阶段性反映。

表 1.1　诺瑟姆对城市化发展阶段的划分

发展阶段	初期阶段	中期阶段	后期阶段
人口城市化率	<30%	30%～70%	>70%

（1）世界城市化发展过程

1800 年,全世界城市人口比重只有 3%,而到 1990 年地球上已有 50% 的人生活在城市里,城市化的浪潮极大地改变了地球的景观,深刻地影响了人们的生活。世界城市化的总体进程可分为以下三个阶段:

1760—1850 年为城市化的初兴阶段。在该阶段世界上出现了第一个城市化水平达到 50% 以上的国家英国,而同期世界城市人口比重只有 6.5%。

1851—1950 年为城市化的局部发展阶段。这 100 年中城市化在欧洲和北美等国家得到较快发展,它们的城市人口从 1850 年的 0.4 亿增至 1950 年的 4.5 亿,城市化水平达到了 51.8%。到 1950 年,世界城市人口已占总人口的 28.4%,整个世界开始站到了城市化的起跑线上。

1951—2000 年为城市化的普及阶段。二战以后许多发展中国家走上了工业化的道路,从而加快了城市化的步伐,使世界城市化水平得到迅速提高,1980 年达到 41.3%,1990 年,按世界银行的研究资料显示已经达到了 50%,20 世纪末已超过了 60%[55]。

（2）我国城市化发展过程

新中国成立初期,中国只有 86 个城市。而 20 世纪 60 年代至改革开放前,我国大部分城市发展停滞不前,甚至出现逆城市化过程。改革开放后,我国大中小城市迅速发展,城市化水平逐步提高,城镇规模和数量不断增加。1978—2012 年,全国城市人口比例由 17.92% 提高到 51.3%;截至 2009 年底,我国共设城市 666 个,建制镇 2 万个左右。从 1990 年到 2000 年,中国城市的建成区面积从 1.22 万 km² 增长到 2.18 万 km²,增长 78.3%;到 2010 年,这个数字达到了 4.05 万 km²,又增长 85.5%;相比 1990 年,2010 年全国城市建成区面积增加 2.32 倍。

我国城市化主要可以分为三个阶段,第一个阶段是从 1979—1983 年,是逐步统一认识,明确我国要走城市化道路的阶段;第二个阶段,是从 1984—1993 年,是城市化道路问题的产生、展开和深入阶段;第三个阶段,是从 1990 年中期至今,进入了城市化研究的一个新阶段,城市化研究全面展开,并有了一些新的特征[55]。

根据全国城镇人口占总人口比重趋势,1996 年人口城市化率为 30.48%,为我国人口城市化发展的转折期,之前人口城市化率的增长几乎呈现水平状态,而 1996 年后中国城市化人口大幅增加,进入城市化增长加速期。根据美国城市地理学家诺瑟姆的理论,我国大约在 1996 年进入城市化中期阶段。

1.1.4　城市化对气候影响的研究进展

IPCC 在第三次评估报告中指出,人类活动强迫影响气候变化主要包括温室气体的排放和土地利用(土地覆盖类型的改变)两个方面,人类活动引起土地利用(土地覆盖类型)变化是城市化的主要表现形式之一[56],而城镇化进程本身又造成了土地利用变化与土地覆盖变化(LUCC)。Yuji Hara 等[57]利用航片对泰国曼谷郊区 50 年的土地利用变化进行了研究,认为城镇化是导致土地利用发生变化的主要原因。

城市是人类活动的主体区域,但它发生的影响并不局限于城市本身,往往蔓延至一定区域。城市作为人类各种活动的集聚场所,通过人流、物流、能量流和信息流与外围区域、腹地发生多种联系。城市的生存与发展,基于它对外界(包括一定范围内的区域)在经济上、文化上、生活服务上所起的作用和影响,这种作用表现为其对外围腹地的吸引和影响。

1867 年,西班牙工程师 Serda 率先提出了城市化(urbanization)的概念。城市化作为近代人类社会发展的主旋律,与经济发展存在着强烈的互动关系。一方面,城市化决定工业化和经济增长水平;另一方面,城市化是工业化和经济增长的重要驱动力。城市化是指一个地区的人口向城镇和城市地区集中,从而致使城市区域不断扩大的过程,它是高强度的区域性人类活动强迫,可以影响局地和区域气候,甚至大尺度环流[58]。工业化和人口的快速增长加速了城市化对气候变化的影响,在一些特定的地区,其对局地和区域气候的影响甚至超过温室气体的作用,已经成为影响区域和全球变化的一个重要因子[59]。

1.1.4.1　城市化对气温的影响研究

有关城市气候影响研究方面,早在 19 世纪初期,Howard[60]对伦敦城区和郊区的气温进行过同时间的对比观测,发现城区气温较其四周郊区的气温高。继 Howard 之后,Renon[61]对法国巴黎的研究指出城市气温比四周郊区高。加拿大卡尔加里城市热岛效应的研究发现,城市人口每增加 1%,热岛强度则增长 1.5%。近年来城市化趋势的加快给测站周围环境带来了严重影响。由于城市化的影响,我国多数国家基准气候站和基本气象站记录的温度和其他气候要素记录已经明显偏离附近的乡村站记录,出现系统性偏差,特别是城市热岛效应的增强,对地面气温观测产生非常大的影响,为气候变化的检测分析带来严重问题,1960—2000 年,城市发展引起的国家站地面气温增温至少达到全部增温的 38%[37,62-65]。初子莹等[63]证实热岛效应对城市气象站的地表平均气温的绝对影响随时间显著增大,近 20 年尤为突出。周雅清等[65]认为:华北地区平均气温序列受城市热岛效应增强因素的影响相当显著,热岛增温率为 0.11 ℃/10a,占总增温速率的 37.9%。在各级城市站中,大城市站的年季平均气温增幅都是最大的,热岛效应引起的增温也是所有级别台站中最显著的,华北地区现代气候的增暖有很大一部分是由城市热岛效应引起的。He 和 Liu[66]通过分析中国的站点气温资料指出,1991—

2000 年的热岛强度增加了 0.11 ℃左右；Ren 和 Zhou 等[67]利用中国北方各站点的月平均地面气温资料分析发现，大城市的增温速率达到 0.16 ℃/10a，而城市热岛对整个地面气温增加的贡献达到 57.9%；Gaffin 和 Rosenzweig 等[68]指出在 1900 年以来，城市热岛贡献了纽约升温的 1/3。

Portman[69]对中国华北地区 1954—1983 年地表气温的城市化影响研究表明：7 个较大城市 30 年热岛增温为 0.26 ℃，14 个较小城市 30 年热岛增温为 0.15 ℃。赵宗慈等[37]对中国城乡的观测资料分析表明：都市化作用使年平均气温与年极端最低气温明显增暖，使年极端最高气温略有升或降，这种都市化增暖效应随着城市人口增长而更加明显。Li Qingxiang 和 Li Wei 等[70]发现中国东北地区在过去的 50 年间存在很大的气温增加，但是对比城市与非城市的站点数据可以看到城市化的贡献相对较小，不超过 10%。

1.1.4.2　城市化对降水的影响研究

周淑贞等[71]关于广州降水量的研究表明：城市对降水的影响主要表现在盛夏的对流性降水。Shepherd 等[72]利用 TRMM 卫星资料研究了美国亚特兰大等五个大城市的暖季降水，结果表明在大城市下风区 30~60 km 范围的月平均降水量增加了 28%，而在大城市区降水增加仅为 5.6%。Shepherd[73]利用长达 108 年的历史数据对美国凤凰城降水进行分析，结果表明在季风盛行的季节，凤凰城的东北部郊区的城市化促进降水显著增加。

Schmass[74]研究慕尼黑城市对降水的影响，认识到城市下风方向降水有增多的现象，并发现城市与郊区间有微弱的"城市微风"环流。Rosenfeld[75]利用 TRMM 和 AVHRR 卫星资料的研究发现城市和城市群附近大量的污染物凝结核有利于小云滴核化，使得云滴谱的分布更加均匀，降低了云水向雨水的转化率，从而抑制了降水。Givati[76]关于以色列和美国西海岸城市群下风方向多年降水变化趋势的研究结果，支持和印证了 Rosenfeld 的结论。Qian[77]使用的卫星资料显示华东污染地区相对于清洁地区具有较高的云滴数浓度（cloud droplet number concentration，CDNC）和较小的滴尺度，结果表明空气污染引起的气溶胶浓度显著增加至少是造成过去 50 年观测的华东地区小雨减少的部分原因。任慧军[78]利用卫星降水观测数据和卫星同化数据研究发现：珠三角城市群区域总体处于降水的低值中心，核心城市区域降水有减少的趋势，这种降水减少的趋势可能与珠三角城市化效应有关。

王喜全等[79]对北京冬季降水的研究发现，城市对于降水分布因城市发展的快慢会有不同，发展缓慢期下风方向降水多，发展快速期则逆转。梁萍等[80]发现上海在城市快速发展时期，市中心区域降水增加，且随着城市化加强，降水变化增强，特别是夏季，市中心表现出明显的雨岛效应。廖镜彪等[81]认为，城市化过程使得广州降水量增加的趋势明显，城市化造成了广州大雨、暴雨和大暴雨等强降水日数增加，城市化对广州城市降水增加的贡献率为 44.7%。

Zhao 等[82]综合分析了中国东部的降水资料和 MODIS（中分辨率成像光谱仪）资料反演的气溶胶光学厚度以及常规的探空资料，指出该区域近 40 年的降水变化趋势明显减少，并与气溶胶的高浓度区有很好的相关，提出了气溶胶和降水之间可能的正反馈机制："气溶胶增加→降水减少→气溶胶更多"。

1.1.4.3　城市化对其他要素的影响研究

研究表明，城市空气相对湿度随着城市发展而日趋减小，城乡湿度差逐渐增大。城市风速逐渐减小，更多的静止空气使得湿气在城市上空堆积，导致夏天阵雨变得更加剧烈，但冬季城市降水量则比周围乡村少。周淑贞等[83]对上海城市近百年风速变化的研究结果表明,由于上海城市发展速度快,建筑群增多、增密、增高,导致下垫面粗糙度增大、其阻障效应消耗了空气水平运动的动能,因而使城区的年月平均风速减小。

尽管气候学家们认为:在全球气候变暖的背景下,强降水事件可能增多,但城市对局地降水量的影响及其影响的物理机制,在城市气候学界存在着不少争论。在圣路易斯的METROMEX试验[84]、IMADA-AVER边界层试验[85]、巴塞尔的BUBBLE试验[86]、俄克拉何马城市联合观测试验[87],以及北京城市空气污染观测实验BECAPEX[88]等观测试验表明,城区粗糙度和感热通量明显大于乡村,但是由于城市结构及气象条件不同,不同城市的边界层及气候特征均有明显不同,因此需要针对不同城市展开研究。

1.1.5 全球气候变化研究的争议

虽然多数学者和主流研究认为气候变化在朝着不断加重的趋势发展,气候变化对人类生存环境的负面影响越来越严重,也提出了人类活动可能是气候变化的主要驱动因素,特别是温室气体的排放增加驱动了全球气温升高,同时发现人类活动的主要区域是城市及其附近区域,城市对于气候变暖有着极其重要的作用。但仍有很多研究人员,甚至许多知名科学家认为目前气候变化的结果存在很多不确定性,其结论还有待于进一步验证。

有关全球变暖研究中存在的不确定性主要包括三个方面:①资料方面的不确定性,②气候变化机制方面的不确定性,③预测方面的不确定性。观测资料覆盖面的不足可能也是一个大的问题。近百年来比较好的有连续观测资料的台站,其覆盖范围大致上只占整个地球表面积的18%左右。即使通过卫星遥感等技术扩大覆盖面以后,极地和海洋地区的观测仍然是明显不足。地面观测温度在1979—1999年的趋势是0.19 ℃/10a,但覆盖全球的卫星观测资料反映对流层低层到中层的趋势只有0.06 ℃/10a,北极地区的温度变化也没有设想的那样强烈[93-94]。

Christy发现,使用海水温度比使用海表气温得到的变暖估计值偏高,1979年以来,如果用气温代替海温来分析,海洋升温的趋势也只有0.13 ℃/10a[91]。Schneider[92]认为,利用代用资料来估计全球温度的变化带来的不确定性较大,特别是树木年轮因为CO_2浓度的增加可以加速植物的生长,其年轮宽度并不一定主要反映与温度的关系,未来气候变化的预测有很大的不确定性,到2100年全球平均气温增长达1.4~5.8 ℃的估计很可能偏高[93]。

也有科学家认为,气候变化研究的过程中同样存在许多不确定性因素。诸如,资料的时间长度不够长;资料的质量存在某些问题(由于仪器更换、站点迁移、城市热岛效应影响等);在一些区域,特别是发展中国家明显缺乏资料和文献;城市热岛效应是资料中最大的误差来源,特别是一些最近几十年快速发展的城市,其热岛效应的误差没有很好地得到检查和排除;气候模式精度和模式本身的不确定性都可能造成对气候变化研究带来影[93-95]。

Kalnay等[89]发表在《Nature》上的论文认为:美国土地利用变化使气温增加了0.27 ℃,而城市效应造成的气温升高大约为0.06~0.15 ℃。Karl等[90]利用1274个气候站点的资料分析表明,城市发展对于美国气候增暖的贡献在0.06~0.09 ℃。Kalnay和Karl认为,美国城市化和土地利用的影响在气候变暖中的比例不足20%。

1.2　气候变化检测的不确定性

关于全球气候变化,目前科学界的研究成果已经极为丰富。各国科学家从气候变化事实、气候变化对生态环境和人类活动的影响、气候变化驱动因子、城市化等人类活动对气候变化的影响机制等各个方面进行了大量的研究。但人为因素在气候变化中到底占多少比重,不少学者提出了质疑。不同国家、区域人为活动的程度、对气候的影响程度和趋向性很难衡量,特别是关于经济不发达的地区,人类活动对于气候变化趋势的影响研究存在很多相互矛盾的结论,以及很多不确定性,其中一些不确定性的理由足以否定气候变暖学说。

不确定性的原因:

(1)国内外气候变化检测研究,主要集中于经济发达、人口众多的大城市,特别是国际大都市,关于欠发达地区城市对气候的影响研究则比较少,造成研究结果具有片面性、覆盖面不足。

(2)针对气候变化的城市影响研究,国内很多研究仅仅从城市气候变化现象(城市热岛、冷岛、雨岛等)或者事实进行简单分析;一些研究的方法不够科学,未能解决研究资料、研究过程中存在不确定性,从而导致研究结论的客观性较差。

(3)关于人为活动的影响往往局限于单个城市,或者限制于一个成片分布的城市群中,很少有对更大区域独立分布的多个城市进行宏观分析。因此,以前关于城市气候影响检测的研究,特别是国内较多研究结果中通常包含了由于不同城市特质(城市所处地理环境、大城市与郊区产生的气候微循环等)而引起的偏差。

(4)在众多研究城市对气候影响的文献中,多数学者是通过城乡差值比较直接获得城市对气候的影响作用,或者贡献率,很少有学者引入经济指标数据分析不同类型的经济活动对气候的个别影响。

(5)大量研究仅针对个别气候要素的变化开展研究分析,很少有文献对多种气候要素做综合分析,因此对气候变化的驱动原因分析不够全面。

1.3　研究设计

本书作者基于以往大量有关人类活动对气候变化趋势影响研究文献的分析,发现以前气候变化中人为活动影响的定量分析还存在很多不足之处,因此对于本书将要开展的研究工作从目标、思路、内容和技术路线进行如下设计。

1.3.1　研究目标

(1)弥补以往研究中对经济欠发达地区人为活动对气候变化趋势影响分析的欠缺;

(2)从区域角度来分析多个城市发展过程对气候的影响,通过大样本分析来消除以往学者仅对个别城市分析带来的偏差;

(3)通过对多种气候要素的检测分析,获得驱动气候变化趋势的综合成因;

(4)引入社会经济发展指标,以经济学的视角,分析不同经济活动对气候变化的量化影响,以此揭示何种人为活动对气候的影响更严重,为减缓气候变化提供对策依据。

1.3.2　研究思路

在回顾和总结分析以往气候变化趋势检测研究工作的基础上,针对以往研究的不足和欠缺,通过应用充分的区域站点数据,来消除以前文献中单个研究对象的可能偏差;选择经济相对落后的西北地区,是因为该区域的乡村气象站很少受人类发展的影响,保持着较好气候背景信息;应用气候突变的分析思路,分析气候变化与人为活动变化的一致性情况;再比较气候要素变化与气候系统变化的一致性情况,通过双重验证,分析气候要素变化的主要驱动力是自然的、还是人为的,利用经济和城市发展指标与气候要素变化的关系模型,定性和定量分析人为活动中对气候影响较重的因子,为减缓气候变化寻找对策。

本研究流程如图 1.1 所示。

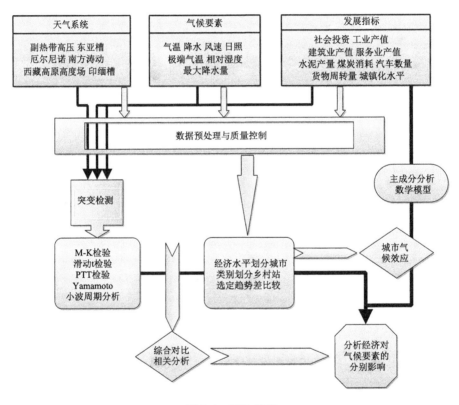

图 1.1　研究流程

1.3.3　研究内容

以西北地区不同地理环境、不同人口规模的、具有代表性的城市为研究主体,以有观测记录以来尽可能多的气象站点资料为基础,通过区别界定城市、乡村气象站,以国际通用的气候检测方法开展以下研究:

(1)分别分析西北地区城市气候趋势和乡村气候趋势(包括:气温、降水、日照、风速、相对湿度、最大降水量、极端气温等气候要素);

(2)以城乡差异来分析不同类型城市(高原、平原、绿洲;特大城市、大城市、中小城市;省会

城市、石油化工城市等)对于气候各要素的影响;

(3)分别检测驱动气候变化的自然因素和人为因素的时序趋势及突变情况,检查自然因素和人为因素突变情况与气候突变的一致性情况,确定西北地区主导气候变化的因素;

(4)利用人为因素中各类经济发展指标与气候要素建立数学模型,确定不同经济因子对气候变化的影响作用。

通过上述研究,获得西北地区气候变化总体情况、驱动西北地区气候变化的主导原因、减缓气候变化的可能对策。

1.3.4　技术路线

(1)通过研究区域和城市气候要素(温度、降水、相对湿度、风速、日照等)以及气候事件(极端高温和低温、降水日数等)的变化趋势和特点,初步确定城市经济发展对气候的影响;

(2)分析影响西北气候变化的动力驱动因素(副热带高压、东亚槽、厄尔尼诺、南方涛动、西藏高原高度场等)的演变趋势和特点,分析气候变化的自然原因;

(3)对比经济发展的人为原因和气候系统驱动的自然原因,分离出城市发展对气候变化所产生的影响。

(4)通过主成分分析、逐步回归等方法,分析确定城市发展中哪些因素(工业产值、服务业产值、建筑业产值、汽车拥有量、能源消耗、城镇化水平等)可能是造成气候变化的主要原因,如何调控才能减缓和逆转其给气候带来的影响。

(5)以客观的研究结果,提出应对气候变化和减缓气候变化的决策建议。

1.3.5　本研究的特色和创新

(1)本研究将选择我国西北 5 省(区)为研究区域,探索西北这一地域辽阔、地理环境复杂、经济相对落后的区域中城市经济发展对于气候的影响,来弥补以往对于欠发达区域研究的不足。

西北广布高山、高原、沙漠绿洲、河谷盆地、平原,地理环境复杂,能够为研究提供更丰富的样本;很多人迹罕至的区域设立了气候观测,这些区域很少受人为活动影响,可以作为区域气候变化的背景值;西北经济的发展跟随全国发展节奏,能够清晰反映我国经济发展各个时期的特点;西北具有各种大小规模、各种地理环境下的城市,可以为分析人类活动提供典型的研究对象。因此在该地区开展气候变化趋势的定量检测研究,对分析经济发展在气候变化中的贡献具有较好的参考作用。

(2)研究将分时段、分地理环境、分城市规模,通过检测经济发展和气候变化突变的一致性,在较深层次上研究城市发展对气候的影响及其贡献。

(3)通过对西北地区尽可能多的城市进行多样本分析,获得不同地理区域城市对气候的确切影响,以消除单个城市因为个体原因造成的偏差,得到较大区域中城市对气候影响的客观结论。

(4)采用能够代表城市经济发展和城市化进程的多种经济指标和社会发展指标,通过主成分分析、逐步回归等方法,研究不同发展指标对气候的影响。

(5)同时展开气温、降水、日照、相对湿度、风速、极端气温等气候要素的分析,为气候变化的综合成因分析,获得更为全面的科学依据。

第2章　研究区域状况及人为活动
影响的检测方法

2.1　研究区域概况

西北地区位于中国内陆腹地,包括陕西省、甘肃省、青海省、宁夏回族自治区、新疆维吾尔自治区五省(区),全区总面积309.9万km²,位于73°21′—111°15′E,31°42′—49°33′N。西北地区地处黄土高原、青藏高原和蒙古高原的交汇过渡地带,处在中国自然区划中的东部季风区,西北干旱区,青藏高原区三大自然区的交汇处。西北地区所处的独特地理位置导致了地形地貌的复杂性和多样性。境内有高原、高山、平原、丘陵、盆地、沙漠、戈壁、湿地、永久性积雪和冰川及冻土,水系、湖泊、草原、森林等。地形地貌和自然景观特征差异明显,生态环境比较脆弱,自西向东大致归纳为阿尔泰—天山山脉,南疆盆地,河西走廊,祁连山地,柴达木盆地,青南高原,甘南高原,宁夏平原,黄土高原,关中平原,秦岭山地等11种地形区域。

西北地区境内气候差异很大,由南向北包括了中国气候区划中的北亚热带、暖温带、中温带和高原高寒区等四个温度带,还包括了亚热带季风气候、温带季风气候、温带大陆性(干旱)气候和高原高寒气候等四大气候类型,由南向北还包括了湿润气候区、半湿润气候、半干旱气候、干旱气候、高原气候等5个区。

西北平均气温为8.3℃,年降水量平均为285 mm,年霜冻日数平均值为189.3 d。区内主要自然灾害为大风、沙尘暴、高温、干热风、干旱、低温冻害、暴雨洪涝、连阴雨等,干旱是本区的主要自然特征。

西北地区土地总面积1.45亿hm²,其中,耕地面积774.95万hm²,林地面积1317.94万hm²,草地面积5922.41万hm²。西北地区2012年末常住人口为9782万人,城镇人口4452万人,占45.51%,乡村人口5330万人,占54.49%(2012年国民经济和社会发展统计公报)。西北地区2012全年生产总值3.2万亿元,其中,第一产业0.544万亿元,第二产业1.28万亿元,第三产业1.184万亿元,人均生产总值33336元,全区城镇居民人均可支配收入17000元左右。

由于地理环境复杂、交通不便、资源缺乏(特别是水资源严重匮乏)、气候条件恶劣等自然状况的极大不便,以及经济发展的历史原因,西北地区经济水平总体上处于全国各区域的最末位置。

2.2　人为活动影响的检测方法

2.2.1　分析步骤

气候系统是大气—海洋—冰雪圈相互耦合的复杂系统。在全球变化的背景下,人类活动加剧,气候系统受自然变率作用的同时又增加了人为变率的影响,这就必然导致气候系统是具有多层次性和多尺度性的复杂系统。

气候资料是高维的观测资料,其中包含"噪声"和"信号"两部分。这里的"信号"即代表气候变化特征的主要分量,因此如何从原始气候观测资料中剔除人为影响的"噪声",提取气候真实变化的"信号"对于气候变化的研究尤为重要。

本研究以下面的公式简要表述人为活动对气候的影响。

$$D=D_0+E_u+E_w \tag{2.1}$$

式中,D 为观测到的气候值,D_0 为不受人为影响下的气候真实值,E_u 为人为活动对气候的影响值,E_w 为自然因素等其他原因对气候资料信息的影响。

为检测人为活动对气候变化影响的"噪声",还原气候变化的自然变化过程,本研究将通过以下步骤来开展分析。

(1) 根据资料的可得性和充分性,筛选和确定要研究的对象城市。

(2)整理气候资料(年、季、月)。

包括:降水、温度、日照、相对湿度、风速等基本气候要素;降水日数、最大日降水量、最小相对湿度、极端最高最低气温等气候事件要素。

(3)通过查阅统计年鉴等资料,收集城市经济发展指标。

包括:城市人口数量及比例、城市建成区面积、机动车拥有量、水泥生产量、能源消耗(煤电、石油等)量、GDP 等。

(4)城市分类:

依据人口规模分为:大城市(100 万以上),中等城市(50 万~100 万),小城市(10 万~50 万);

依据地理特征:高原城市(海拔 1000 m 以上,高海拔为其地理环境主要特点),平原城市(周围大环境为盆地类型),绿洲城市(周围大环境为荒漠类型);

依据城市职能:政治文化城市(主要为省会城市),能源化工城市(主产石油气、煤炭),其他城市等。

(5)分析不同类型城市经济发展指标演变趋势、城市气候要素演变趋势;分析经济发展指标与气候要素变化突变点的一致性。

(6)分析天气系统的演变趋势及其突变点,分析气候要素与天气系统趋势变化的一致性。

(7) 通过突变分析确定气候变化中人为因素还是自然因素占据主导地位。

(8)建立城市经济指标与气候要素的关系模型,分析驱动城市气候变化趋势的主导因子。

2.2.2　城市化对气候影响的检测方法

2.2.2.1　城乡对比法(UMR)

为检测城市化对气候的影响效应,研究人员提出了一系列的方法。最传统和直接的方法即是城乡对比法(urban minus rural, UMR),该方法的关键在于如何对站点进行客观分类。通常而言,可以应用人口资料[96-99]或卫星遥感资料(如夜间灯光图像[66,99-100]),并结合站点的地理位置,对其进行分类。此外,还可以利用经验正交函数分解(empirical orthogonal function, EOF)、主成分分析(principal component analysis, PCA)和台站历史沿革资料遴选乡村站,通过比较城市站与乡村站的差异,进而评估城市发展对气温变化的影响。尽管城乡对比能够直观地反映城市化的气候效应,但是此方法依赖于站点的分类方式,分类标准的不同及样本个数的差异会对研究结果产生一定的影响。

城乡对比法(UMR)计算过程如下(以气温为例):

$$U_e = T_u - \overline{T_r} \tag{2.2}$$

式中,U_e,T_u,$\overline{T_r}$分别为城市化对城市气温的影响,城市气温,各乡村对比站气温的平均值。

2.2.2.2 观测值与 NCEP 再分析值的差值法(OMR)

为克服 UMR 法的不足,Kalnay[89]提出了一种新方法评估城市化对气候增温的作用。该方法利用 NCEP/NCAR 再分析资料在同化过程中没有用到地面观测信息的特点,通过比较观测资料和再分析资料的差异(observation minus reanalysis,OMR),进而反映城市化和土地利用变化对地面气温的影响。Trenberth 和 Vose 发表在《Nature》上的文章认为,尽管 OMR 值与下垫面分布有较好的对应[100-102],但能否将两套资料的差异总结为下垫面(即土地利用变化)的作用,对此仍然存在着一些争议[103-104]。

2.2.2.3 城乡趋势差值法

气候的自然变化并不是一成不变的上升或者下降,城市气象站和乡村气象站的气候值也可能存在较大差异,直接使用城乡差值,可能会造成人为偏差,特别是同一个城市的几个乡村站气候数据相差比较大时,如何选择乡村对比站会造成困惑。因此,Vose 等[105]在其研究中提出了趋势差值法。趋势差值法,是利用城市在一个时期的趋势率与同期乡村对比站的趋势率差值分析城市对气候的影响,这种方法对于分析降水、风速等局地较强的气候要素有着很好的作用。

趋势差值法计算相同于城乡比较法,只是进行比较的是同一个时期内城乡气候要素的趋势率。

2.2.2.4 气候突变检测

气候突变又称气候变化的不连续性、气候的跳跃,是普遍存在于气候系统中的一种重要现象。自从 Lorenz 和 Charney 从理论上揭示了气候突变的可能性后,有关气候突变检测的研究得到了广泛的开展[106-108]。20 世纪中期以来,以 Thom 为先导逐步建立了均值突变检测理论,目前已被广泛应用于气候、地震等各个研究领域[109]。

应用突变检测方法,符淙斌等[110-111]最早揭示了季风区域气候变化的强信号,南亚季风和东亚季风的突变与全球增暖的突变具有一致性。王绍武等[112]讨论了气候变暖导致气候突变的可能性,建议进一步加大对气候突变的研究。马波等[113]利用 Mann-Kendall 法检测和分析中国北方近 45 年的干旱化特征,系统地认识干旱化的年代际时空格局。肖栋等[114]应用滑动 t 检验对全球海表温度场(GSST)的年代际突变点进行定量检测和分析,揭示了突变的空间分布特征、最早响应时间和响应区域及垂直空间分布特征等。Ding 等[115]对我国地温、降水、日照、风速、蒸发量,以及极端气候事件等进行了检测分析,显示我国气候状况已经发生了显著变化。

一般来说,根据统计学发展出来的突变检测方法对于气候变化的检测较为实用,定量较准确。目前应用较多的突变检测方法主要有:①Mann-Kendall 法;②Pettitt 法;③滑动 t 检验法;④Yamamoto 法;⑤小波分析法。这些方法不需要样本量遵从一定的分布,也不受少数异常值的干扰,因此都属于非参数统计检验方法。

各突变检测方法的计算过程如下:

(1)Mann-Kendall 突变检验(简称 MK 突变检验)

此法最初由 Mann 于 1945 年所建立,当时并非应用于检测气候突变,而仅用于检测序列的一种变化趋势,Sneyers 则进一步完善了这种方法,它能大体上测定各种变化趋势的起始位置,Goossens 等把这一方法应用到反序列中,从而发展了一种能检测气候突变的新方法,它以检测范围宽,定量化程度高而富有生命力。Mann-Kendall 方法是一种非参数统计检验方法。非参数检验方法也称无分布检验,其优点是不需要样本遵从一定的分布,也不受少数异常值的干扰,适用于类型变量和顺序变量,计算也比较方便。

Mann-Kendall 检测的计算步骤如下:

在假设 H_0:气候序列没有变化的情况下,设此气候序列为 $x_1,x_2,\cdots x_n$,m_i 表示第 i 个样本 x_i 大于 $x_j(1 \leqslant j \leqslant i)$ 的累计数。

定义一个统计量:

$$d_k = \sum_{i=1}^{k} m_i \tag{2.3}$$

在原序列的随机独立等假设下,d_k 的均值、方差分别为:

$$\begin{cases} E[d_k]=k(k-1)/4 \\ \mathrm{var}[d_k]=k(k-1)(2k+5)/12 \end{cases} \quad (2 \leqslant k \leqslant N) \tag{2.4}$$

将 d_k 标准化:

$$u(d_k)=(d_k-E(d_k))/\sqrt{\mathrm{var}(d_k)} \tag{2.5}$$

这里 $u(d_k)$ 为标准分布,其概率 $a_1=\mathrm{prob}(|u|>|u(d_k)|)$ 可以通过计算或查表获得。给定一显著性水平 α_0,当 $\alpha_1>\alpha_0$ 时,接受原假设 H_0,当 $\alpha_1<\alpha_0$ 时,则拒绝原假设,它表示此序列将存在一个强的增长或者减少趋势。所有 $u(d_k)(1 \leqslant k \leqslant N)$ 将组成一条曲线 C_1,通过信度检验可知其是否有变化趋势。

把此方法引用到反序列中,$\overline{m_i}$ 表示第 i 个样本 x_i 大于 $x_j(i \leqslant j \leqslant k)$ 的累计数,当 $i'=N+1-i$ 时,如果 $\overline{m_i}=m_{i'}$,则反序列的 $\bar{u}(d_i)$ 由下式给出:

$$\begin{cases} \bar{u}(d_i)=-u(d_{i'}) \\ i'=N+1-i \end{cases} \quad (i,i'=1,2,\cdots,N) \tag{2.6}$$

(2)Pettitt 法

Pettitt 方法是一种与 Mann-Kendall 法相似的非参数检验方法。由于是由 Pettitt 最先用于检验突变点的,故将其称为 Pettitt 法。与 Mann-Kendall 一样,分析前构造一个秩序列。不同的是是分三种情况定义的,即

$$r_i=\begin{cases} +1, & \text{当 } x_i>x_j \\ 0, & \text{当 } x_i=x_j, \qquad j=1,2,i \\ -1, & \text{当 } x_i<x_j \end{cases} \tag{2.7}$$

可见,这里的秩序列 r_i 是第 i 时刻数值大于或者小于 j 时刻数值个数的累计数。Pettitt 法是直接利用秩序列来检验突变点的。若 t_0 时刻满足 $k_{t_0}=\max|s_k|(k=2,3,\cdots,n)$,则 t_0 点处为突变点。这时统计量:

$$p(-6k=2\exp_{t_0}^2/(n^3+n^2)) \tag{2.8}$$

若 $p<0.05$ 则认为检验出的突变点在统计意义上是显著的。

（3）滑动 t 检验法（moving t-test technique，MTT）

滑动 t 检验是用来检验两个随机样本平均值的显著性差异。为此把一连续的随机变量 x 分成两个子样本 x_1 和 x_2，让 u_i，s_i^2 和 n_i 分别代表 x_i 的平均值、方差和样本长度（$i=1,2$）。其中，n_i 需要人为的定义长度。

原假设：$H_0:u_1-u_2=0$。定义一个统计量为：

$$t_0(\overline{x_1}-\overline{x_2})/S_p^2 \sqrt{1/n_1+1/n_2} \tag{2.9}$$

式中，S_p^2 是联合样本方差，$S_p^2=((n_1-1)S_1^2+(n_2-1)S_2^2)/(n_1+n_2-2)$ 为 σ^2 的无偏估计（$E[S_p^2]=\sigma^2$），显然 $t_0\sim t(n_1+n_2-2)$ 分布，给出信度 α，得到临界值 t_α，计算 t_0 后在 H_0 下比较 t_0 与 t_α，当 $|t_0|\geq t_\alpha$ 时，则接受原假设 H_0。要注意的是 n_i 的选择带有人为性，因此会带来在某种程度上的困惑，具体应用时，结合具体的需要选择 n_i，并不断的变动 n_i，以增进检查结果的可靠性。

（4）Yamamot 法

Yamamot 法的原理同于 MTT 法，不过此法更简单明了。通过定义一个信噪比：

$$\frac{S}{N}=\frac{|\overline{x_1}-\overline{x_2}|}{S_1+S_2} \tag{2.10}$$

式中，符号同于 MTT。当 $S/N>1.0$，就定义为"突变"。如果在 MTT 中假设 $n_1=n_2=n$，通过比较公式 $t_0=\dfrac{(\overline{x_1}-\overline{x_2})}{S_p^2 \sqrt{1/n_1+1/n_2}}$ 和 $\dfrac{S}{N}=\dfrac{|\overline{x_1}-\overline{x_2}|}{S_1+S_2}$ 可得：

$$t_0>\frac{S}{N}\sqrt{n} \tag{2.11}$$

如果取 $n=10$，$S/N>1.0$ 就相当于 $t_0>3.162$，达到 95% 信度以上水平，但是没达到 99.95% 的信度水平，根据不同的对象可以变换其信噪比的临界值。

（5）小波分析法

经典的傅里叶分析的本质是将任意一个关于时间 t 的函数 $f(t)$ 变换到频域上。

$$F(w)=\int Rf(t)e^{iwt}dt \tag{2.12}$$

式中，w 为频率；R 为实数域。$F(w)$ 确定了在整个时间域上的频率特征。可见，经典的傅里叶分析是一种频域分析。对时间域上分辨不清信号，通过频域分析便可以清晰地描述信号的频率特征，因此，从 1822 年傅里叶分析问世以来，得到十分广泛的应用，上面讲到的谱分析就是傅里叶分析方法。

但是，经典的傅里叶变换有其固有缺陷，它几乎不能获取信号在任一时刻的频率特征。这里就存在时域与频域的局部化矛盾。

在实际问题中，人们恰恰十分关心信号在局部范围内的特征。这就需要寻找时频分析方法。1964 年 Gabor 引入了窗口傅里叶变换，取

$$\check{F}(w,b)=1/\sqrt{2\pi}\int_R f(t)\overline{\varphi}(t-b)e^{-iwt}dt \tag{2.13}$$

式中，函数 $\varphi(f)$ 是固定的，称为窗函数；$\overline{\varphi}(f)$ 是 $\varphi(f)$ 的复数共扼；b 是时间参数。由上式可知，为了达到时间域上的局部化，在基本变换函数之前乘上一个时间上有限的时限函数 $\varphi(f)$。这样 e^{-iwt} 就起到频限作用，$\varphi(f)$ 起到时限作用。随着时间 b 的变换，φ 确定的时间窗在 t 轴上移动，逐步对 $f(t)$ 进行变换。从 (2.13) 式中看出窗口傅里叶变换是一种窗口大小及形状均固

定的时频局部分析,它能够提供整体上和任一局部时间内信号变化的强弱程度。带通滤波就属于这类方法。由于窗口傅里叶变换的窗口大小及形状固定不变,因此局部化只是一次性的,不可能灵敏地反映信号的突变。事实上,反映信号高频成分需用窄的时间窗、低频成分用宽的时间窗。在加窗傅里叶变换局部化思想基础上产生了窗口大小固定、形状可以改变的时频局部分析,即小波分析。

小波变换:若函数 $\varphi(t)$ 满足下列条件的任意函数:

$$\int_R \varphi(t)\mathrm{d}t = 0, \int_R \mid \check{\varphi}(w) \mid^2 / \mid w \mid \mathrm{d}w < \infty \tag{2.14}$$

其中 $\check{\varphi}(w)$ 是 $\varphi(t)$ 的频谱。令

$$\varphi_{(a,b)}(t) = \mid a \mid^{-\frac{1}{2}} \varphi((t-b)/a) \tag{2.15}$$

为连续小波,φ 叫基本小波或母小波,它是双窗函数,一个是时间窗,一个是频率谱。$\varphi_{(a,b)}(t)$ 的振荡随 $1/\mid a\mid$ 增大而增大。因此,a 是频率参数,b 是时间参数,表示波动在时间上的平移。那么,函数 $f(t)$ 小波变换的连续形式为:

$$w_f(a,b) = \mid a \mid^{\frac{1}{2}} \int_R f(t)\bar{\varphi}\left(\frac{t-b}{a}\right)\mathrm{d}t \tag{2.16}$$

由此可以看到,小波变换函数是通过对母小波的伸缩和平移得到的。小波变换的离散形式为:

$$w_f(a,b) = \mid a \mid^{\frac{1}{2}} \Delta t \sum_{i=1}^n f(i\Delta t)\varphi\left(\frac{i\Delta t - b}{a}\right) \tag{2.17}$$

式中,Δt 为取样间隔;n 为样本量。离散化的小波变换构成标准正交系,从而扩充了实际应用的领域。

离散表达式的小波变换计算步骤如下:

(1) 根据研究问题的时间尺度确定出频率参数 a 的初值和 a 增长的时间间隔。

(2) 选定并计算母小波函数。

(3) 将确定的频率 a,研究对象序列 $f(t)$ 及母小波函数 $\varphi_f(a,b)$ 代入(17)式,算出小波变换 $w_f(a,b)$。

小波分析计算结果既保持了傅里叶分析的优点,又弥补了其某些不足。原则上讲,过去使用傅里叶分析的地方,均可以由小波分析取代。从上面方法概述中可知,小波变换实际上是将一个一维信号在时间和频率两个方向上展开,这样就可以对时间序列的时频结构作细致的分析,提取有价值的信息。小波系数与时间和频率有关,因此,可以将小波变换结果以横坐标为时间参数,纵坐标为频率参数,图中数值为小波系数,这样绘制成的二维图像将不同波长的结构进行了客观的分离,使波幅一目了然地展现在一张图上。当然,对结果的分析还需凭借对所研究的系统的认识。

2.2.2.5　数学建模

利用主成分分析等方法确定影响气候变化的经济变量,再利用逐步回归等数学方法建立人类活动对气候变化影响的关系模型,通过数学建模,获得城市发展过程中各因素在气候变化中的作用与贡献。

模型结构为:

$$E_u = f(x_1, x_2, x_3, \cdots, x_n) \tag{2.18}$$

式中，$x_1,x_2,x_3,\cdots,x_n$ 为城市化发展指标，如，人口数量、城市面积、能源消耗、机动车辆等。

逐步多元回归的计算过程参见唐启义等编著的 DPS 数据处理系统[116]。

2.2.2.6　本研究采用的检测方法

为了能够全面客观地实现城市经济发展对气候变化的影响检测，本研究将采用上述提到的城乡对比法（UMR）、趋势差值法、突变检测的各种方法，以及数学建模等方法开展综合分析。

为了避免选择不同乡村对比站所产生的偏差，本研究将根据可获得的、尽可能多的乡村站点和城市气象站配对，在第 3 章"西北地区城市化发展对城市气温的影响研究"中，为每个城市搭配 2～3 个乡村站，以乡村站平均值作为自然气候背景，利用城市与该自然气候背景的差值进行城市活动的检测分析。由于降水等要素具有不连续分布的特点，无法为城市站选择适宜的对比站，所以在第 4 章"西北地区经济发展对降水趋势变化影响的研究"中以所有乡村站的平均为西北地区的气候背景。本研究中不应用观测与再分析差值法（OMR），因为该方法所用的资料在西北地区过于稀疏，其数据的代表性不够强、数据精度不够高，所以本研究中舍去该方法。

2.2.2.7　数据来源及处理

本研究所采用气候数据来自于中国气象科学数据共享网，其中气温数据为中国地面气候数据 3.0 版，该数据经过严格的均一化处理等质量控制；降水量、降水日数等其余气候数据均为各气象站点的原始记录数据。缺漏数据超过 3 年的气象站点在本研究中不予采用。

城市人口数据、社会经济发展数据来自于西北各省（区）的统计年鉴。

研究中的数据处理、结果计算、数学建模、图形绘制等主要应用了 DPS 7.05，Execel 2007，Origin 8.0，Surfer 8.0 等工具。

第 3 章　西北地区城市化发展对城市气温的影响研究

3.1　城市气温检测研究概述

　　IPCC 第五次报告[158]（2013 年）从近 30 年来的 6000 多篇文献中得出结论:全球最近 130年（1880—2012 年）的温度线性趋势为 0.85 ℃,这一趋势大于 IPCC 第四次报告给出的0.74 ℃（1906—2005 年,0.56～0.92 ℃)的相应趋势。全球温度普遍升高,在北半球高纬度地区温度升幅较大。根据中国学者研究,我国不同区域气候变化趋势在不同时期的结果不尽相同。Wang 等[117]发现,1880—1996 年,全国平均气温上升了 0.44 ℃;Ding 等[115]发现,1905—2001 年,全国平均温度增长了 0.79 ℃,而 1951—2001 年的增速达到了1.1 ℃/50a;周自江[118]指出,全国不同区域气温增长趋势普遍在－0.112～0.494/10a,Li 等[119]发现,西北地区气温在近 50 年上升了 0.325～0.360 ℃。

　　最近大量的研究认为人类活动是导致局地和区域地面气温上升的主要原因,诸如城市人口增加、城市建筑面积增加、植被覆盖率减少、温室气体大量排放,以及其他人为活动因素共同造成了局地陆面能量辐射平衡的变化,以至于临近城市区的气象观测数据与实际气候趋势发生偏离[37,120-124]。人类活动对气温的影响遍及各个大陆,美洲、欧洲、中国,甚至遥远偏僻的小山村[121,126-127]。

　　然而长期以来,气候变化研究一直存在很多不明确的影响因素[25,93,95,123,128-130]。许多国内外学者认为:气候变化研究结果会受到多种因素的制约:①数据,用来研究全球长期气候变化的基础数据大多来自于大城市,但大城市之外的大多数气象站的数据记录都不足百年,同时研究长期变化的代用气候数据（树木年轮、冰芯、花粉、湖底沉积物等）的误差也有可能严重影响气候变化的结果;②观测仪器的误差,观测仪器的更换和升级也会带来一定的系统误差;③观测时次调整,由于观测业务调整,一些气象站点会因为其代性原因增加或者减少观测次数,观测时次改变不可避免的造成数据偏差;④观测场地改变,会导致数据记录连续性变差,从而产生误差;⑤数据规模,比如,研究区域大小、站点多少、时间长度等等都会由于参与数据的不同而造成气候变化研究结果发生变化;⑥对比站选择,由于地形和环境特征差异,选择不同乡村气象站也会造成对城市气候变化研究结果的不同[125,128-136]。

　　人类活动的主要区域"城市"在二战以后蓬勃发展,统计表明,人类活动产生的温室气体70％以上来自于城市。近几十年来,城市土地利用和植被变化,使得城市热岛效应持续攀升,即使在我国经济最为落后的西北地区也可检测到明显的热岛效应。Tian 等[137]、Bai 等[138]等发现,近年来西安和兰州等地的热岛强度也达到了 0.99～1.10 ℃。

中国西北地区地处中亚内陆,由于西北地区经济发展水平较低,许多气象站点很少或者还未受到人类活动的直接影响。因此以西北地区为研究对象,分析人类活动对城市气候的作用,剔除由于人为活动造成的气候变暖偏差,具有较好的操作性。在本研究中,将以西北地区的相关城市作为对象分析不同区域和规模的城市对于气候变暖的作用。

3.2 数据与方法

3.2.1 数据来源

研究使用的数据为西北地区基本基准气象站1961—2009年的年平均气温、日平均最高气温和日平均最低气温数据。数据来源于中国气象局信息中心,数据经过均一化等质量控制,并对缺漏数据超过3年的站点进行了剔除,最终选择了136个站作为研究站点。

3.2.2 研究方法

3.2.2.1 经济水平阶段划分

城市发展对气候的影响因为城市化水平(或者经济发展水平)、城市所处的地理位置、城市大小规模等而有所不同,因此根据中国经济发展时期、城市的大小规模、城市所处的地理地形环境等3种因素对西北各城市进行分类分析。首先根据经济发展速度把近49年分为两个时间段,即改革开放之前的经济低速发展时期(before economic reform, BER,1961—1978)和改革以后的高速发展时期。(after economic reform, AER,1979—2009)。

3.2.2.2 城市规模划分

根据常住人口数量将西北各城市划分为特大城市,大城市,中小城市。在本研究中,综合参考了Peterson[139]、Portman[69]、Li[140]和Karl[106]等对于城市站和乡村站的分类方法进行分级,该等级划分区别于Karl在1988年时的分类方法。因为,中国2008年的人口已经达到了13.28亿,超过美国人口的4倍,另外中国大多数观测站周围的人口都超过了2000人,甚至1万人。Peterson[139]建议周围人口在1万人以下的观测站可以直接作为乡村站,不需要进行数据校正。Wang[117]研究中国城市效应时,所用的乡村对比站周围的平均人口甚至达到了1.47×10^5,Vose等[105]在1993年对中国的研究认为,人口在1.6×10^5以下的城镇基本不受城市热岛的影响。

基于《中国2006年城市人口统计年鉴》,以及所有可用气候数据,在西北地区选取了总共22个城市:其中有3个特大城市(人口大于1.0×10^6),5个大城市(人口在$0.5 \times 10^6 \sim 1.0 \times 10^6$),14个中小城市(人口在$0.2 \times 10^6 \sim 0.5 \times 10^6$)。

3.2.2.3 城市地理环境划分

依据城市所处的地形条件(表3.1,图3.1),我们把22个城市又分成了高原城市5个(市区平均海拔高度在1000 m以上,地理环境以高原为主要特点),平原城市5个(城市所处地理环境以平原主要特点)和绿洲城市12个(城市周围大环境以沙漠和荒漠为主)。

表 3.1 城市分类及其基本信息

城市名	常住人口（万）	海拔（m）	城市与对比气象站的平均距离		地理特点	城市规模
			水平方向(km)	垂直方向(m)		
兰州	186	1518	36.43	254.5	高原	特大城市
乌鲁木齐	159	935	118.17	318.0	绿洲	
西安	344	398	75.62	316.5	平原	
西宁	111	2262	90.23	235.5	高原	
宝鸡	92	612	108.46	161.0	平原	大城市
汉中	75	509	107.38	434.0	平原	
石河子	51	443	143.81	19.1	绿洲	
天水	87	1143	45.71	12.5	平原	
延安	54	1059	96.82	85.0	高原	
银川	92	1112	96.91	114.0	绿洲	
榆林	58	1058	72.40	39.5	绿洲	
阿克苏	43	1104	178.78	503.3	绿洲	
安康	46	291	77.89	298.5	平原	
格尔木	19	2809	149.00	18.0	高原	中小城市
和田	28	1375	172.96	23.3	绿洲	
酒泉	31	1478	82.31	253.5	绿洲	
克拉玛依	25	450	124.35	328.8	绿洲	
喀什	45	1289	148.26	688.5	绿洲	
库尔勒	40	932	144.05	381.5	绿洲	
庆阳	30	1421	88.50	201.5	高原	
武威	31	1531	62.88	493.0	绿洲	
张掖	32	1483	70.35	66.5	绿洲	

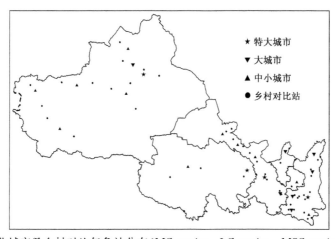

图 3.1 西北城市及乡村对比气象站分布（MC station，LC station，MSC station，R station，分别表示特大城市气象站,大城市气象站,中小城市气象站,乡村对比气象站）

3.2.2.4　乡村气象站的遴选

为了检测城市对气温趋势的影响效应,该研究参考了 Vose 等[105] 的方法,以城乡气象站的气温趋势差值作为量度指标,城乡对比气象站的确定主要依据以下原则:

(1)乡村气象站所处的城镇人口不超过 10 万;

(2)乡村气象站与其相对应的城市气象站水平直线距离不低于 50 km,但不超过 100 km,其相对高度差不大于 500 m,之间不能有大的高原、峡谷或山脉等地形阻隔。

根据以上条件,可以假设所选择的乡村气象站都在城市热岛直接影响的烟羽之外,但它们与城市站处在相同的地理和气候环境中,能够保证他们之间有着很好的对比性。另外为了减少因为选择不同对比站可能带来的潜在误差,在本研究中,使用尽可能多的乡村站来和城市站进行配对,根据上述筛选原则,为每一个城市气象站选取 3 个,或者 2 个乡村站进行比较分析。研究中以城市站及其相对应的各乡村站的平均值进行差值对比,以此来消除以往研究中利用单一乡村对比站可能产生的特殊属性差异(例如,距离差异、上下风向差异、乡村站自身热环境差异等)。本研究中的方法与 Vose 等的方法差异之一就是使用了更多的乡村对比站,而不是选择单一对比站点进行,Portman[69] 也建议用更多的参照站与城市气象站进行对比分析,以减少由于地理位置和环境差异带来的结果偏差。

3.2.2.5　城市效应计算

城乡气象站气温趋势的差值被用来评估城市化的效应,单个城市的城市效应计算方法如下:

$$Ue_{i,j} = Tu_{i,j} - \overline{Tr_{im,j}} \tag{3.1}$$

式中,$Ue_{i,j}$ 表示城市 j(j 从 $1 \sim 22$)在 i 时期对应的气温效应(i 从 $1 \sim 2$,也就是 1978 年以前和 1978 年以后两个时期),$Tu_{i,j}$ 为 j 城市在 i 时期原始气温的线性趋势,$\overline{Tr_{im,j}}$(m 从 $1 \sim m$,表示城市 j 有 m 个乡村对比气象站)为 j 城市周围乡村气象站在 i 时期平均气温的线性趋势,线性趋势由一元线性方程计算获得。

$$Ue_i = \sum Ue_{i,j}/22 \tag{3.2}$$

式中,Ue_i 为 i 时期所有城市效应的平均值。

$$Ue_{i,\text{cityscale}} = \sum Ue_{i,j}/p \tag{3.3}$$

式中,$Ue_{i,\text{cityscale}}$ 为 i 时期不同人口规模城市的平均效应,cityscale 的数值为 1,2,或者 3(分别代表特大城市,大城市和中小城市),p 为各级人口规模城市的数量。

$$Ue_{i,\text{topography}} = \sum Ue_{i,j}/q \tag{3.4}$$

式中,$Ue_{i,\text{topography}}$ 为 i 时期不同地理环境城市的平均效应,topography 的数值为 1,2,或者 3(分别代表平原城市,高原城市和绿洲城市),q 为各地理环境城市的数量。

$$TD_{u-r} = T_{\bar{u}} - T_{\bar{r}} \tag{3.5}$$

式中,TD_{u-r} 为 22 个城市气象站平均气温趋势与 65 个乡村对比气象站平均气温趋势的差值,$T_{\bar{u}}$ 为 22 个城市气象站平均气温趋势,$T_{\bar{r}}$ 65 个乡村对比气象站平均气温趋势。

$$C_{we_i} = Ue_i/Tu_i \times 100\% \tag{3.6}$$

式中,C_{we_i} 为城市化对城市气温变化趋势的贡献率,Tu_i 为城市气温变化趋势。

3.3　结果与分析

3.3.1　西北地区气温变化趋势

西北地区城市和乡村的年平均气温、最高气温、最低气温的年变化趋势见图 3.2。中国西北地区的地面气温在近 49 年中存在比较明显的周期性变化,小波分析表明西北地区气温变化大致有 5～6a 的波动周期(图略),但总体上以升温趋势为主,而在 20 世纪 60 年代中期至 80 年代中期的 20 年左右维持了一段较长时期的低温气候,60 年代中期之前和 80 年代中期之后的时期气温相对较高。西北地区 80 年代中期至 90 年代末期气温上升非常显著,90 年代末期之后全区域气温维持在近 49 年来的最高水平,波动变化很小,但增温趋势显著下降。西北地区城市与乡村年平均、最低和最高气温的变化趋势、周期、甚至波动幅度都有着非常一致的相似性。西北地区城乡 49 年来的气温观测记录以及其升温趋势的相关系数都达到了 0.01 的极显著性水平(表 3.2),高度相关性表明本研究中所选择的对比站与城市气象站处在相同的气候区域,对比站点的选择比较合理。与国内外大多数研究结果一样,最低气温在城市和乡村都是 3 种气温要素中变化最大的,其平均变化趋势为 0.43 ℃/10a,分别比最高气温趋势(0.261～0.275 ℃/10a)和平均气温趋势(0.33～0.346 ℃/10a)高出 50% 和 30% 以上。近 49 年西北地区城市和乡村气温分别上升了 1.70 ℃ 和 1.63 ℃,这一结果超过了 Wang 等[117](0.44 ℃/100a)、Ding 等[115](0.79 ℃/100a)等人以往对各时期中国平均气温上升趋势的结论。

西北地区与国内其他区域一样,近半个世纪以来经历了几个变温周期,但相比我国西南地区,西北地区的气温上升更为强烈和明显。近 49 年城市气温变化趋势总体由降温向升温转变,升温速度由慢向快转变(2000 年以后例外)。20 世纪 90 年代为近 49 年增温最快的 10 年,增温趋势为 1.07 ℃/10a,与国内其他区域同期增温趋势相近[115,141]。西北地区 1991—2000 年的增温占 49 年来增温总量的 63%,而 2000 年以后的 9 年西北地区域增温趋势明显下降,仅为 90 年代的 20% 左右,这个数值甚至还低于改革开放前的 70 年代。但 2000 年以来城市建筑面积、城市人口数量等统计指标表明西北地区和我国其他大多数地区一样,城市化发展在近 10 年以来表现出更加迅猛的趋势;由图 3.2a、图 3.2b、图 3.2c、图 3.3、图 3.4 可以发现,西北地区各年代气温趋势和城市人口比例趋势并不具有很好的一致性,气温趋势为抛物线型,而城市化趋势则近似为反抛物线型,但两者在 1961—2000 年的前 4 个 10 年中趋势非常一致,其相关性可以达到 0.92,通过了 0.01 的显著性水平检验。

对比城乡气温趋势的差值可以发现,西北地区城市与乡村平均气温、最高气温和最低气温的线性趋势差值分别为 0.065 ℃/50a,−0.07 ℃/50a 和 0.005 ℃/50a,这些数值明显小于很多国内有关城市热岛效应的研究结果。林学椿等[64]认为北京城市热岛导致的城市增温率可达到 0.31 ℃/10a,Zhou 等[141]对中国东南部地区气候变暖幅度的研究中发现,20 世纪 70 年代末以来城市化造成的气温增速达 0.05 ℃/10a。而本研究的结果与 Karl 在美国的研究比较相近,Karl 等[49]对美国 1219 个气象站的资料分析以后认为美国城乡气温趋势差值分别为:平均气温 0.06 ℃/84a,最高气温 0.01 ℃/84a,最低气温 0.13 ℃/84a。

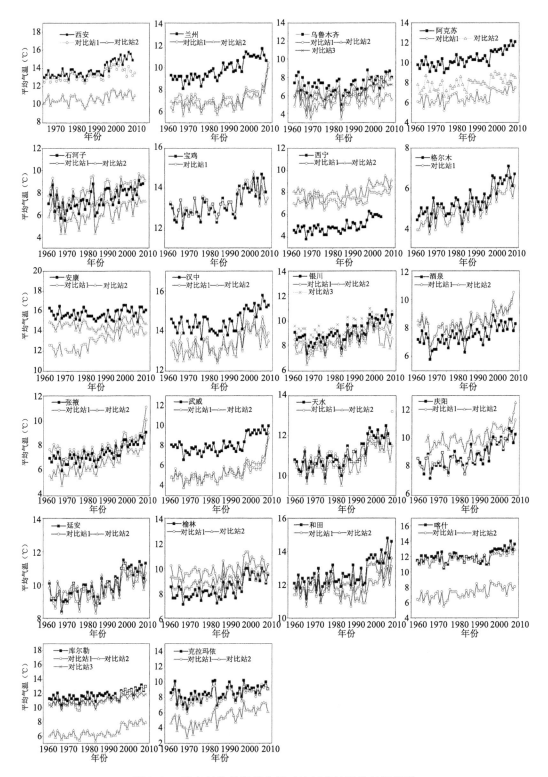

图 3.2a　城市气象站及其乡村对比气象站平均气温序列

（黑线条为城市气象站气温，灰线条为乡村对比气象站气温）

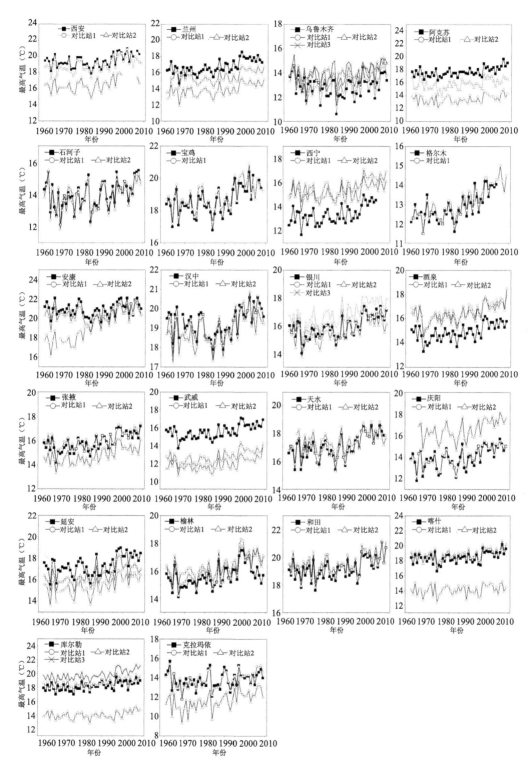

图 3.2b　城市气象站及其乡村对比气象站最高气温序列
（黑线条为城市气象站气温，灰线条为乡村对比气象站气温）

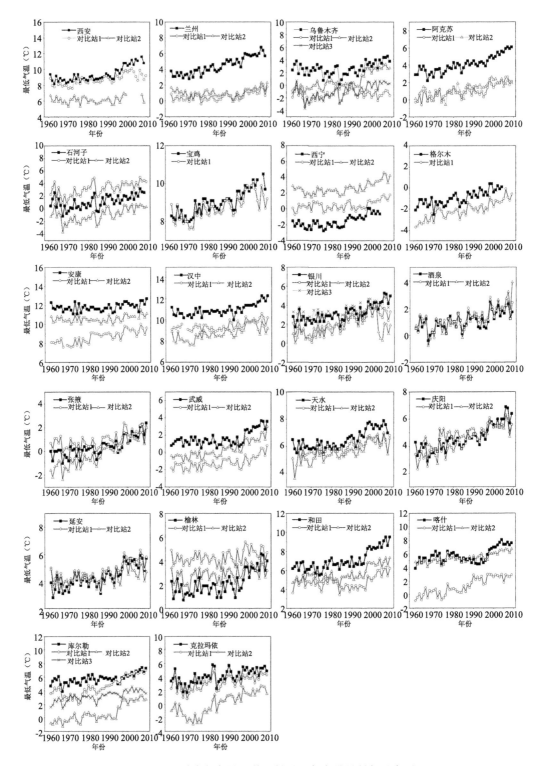

图 3.2c　城市气象站及其乡村对比气象站最低气温序列

（黑线条为城市气象站气温，灰线条为乡村对比气象站气温）

表 3.2　城市和乡村气温数据及其气温趋势的相关系数

	平均气温	最高气温	最低气温
气温记录	0.991**	0.985**	0.988**
气温变化趋势	0.848**	0.874**	0.582**

注:** 表示达到 0.01 显著性水平。

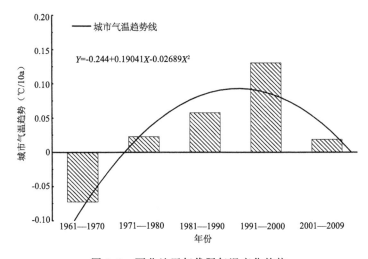

图 3.3　西北地区年代际气温变化趋势

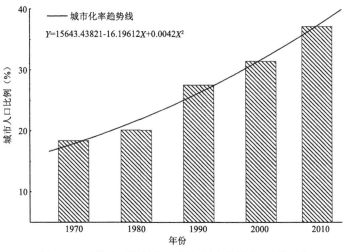

图 3.4　西北地区城镇化比例年际变化趋势(单位:%)

3.3.2　经济发展水平对城市气温趋势的影响

对比改革开放前后两个时期城乡气温变化趋势差值(城市的气温效应),可以看出不同经济发展水平对于城市气温效应有着非常重要的作用(图 3.5)。改革开放前后不同时期城市效应的作用相反。1978 年以前,城市化水平和经济发展水平低,城市环境对于气温效应不甚明显,并且总体表现为抑制升温(降温)的作用。1978 年前西北地区各城市气温效应的平均值为负值,城市效应对平均气温和最低气温有微弱的降温作用,为 −0.01 ℃/10a,而对最高气温的降温作用较明显,为－0.06 ℃/10a。1978 年后,城市化和经济水平快速发展,城市效应转变为明显的升温作用,但对最高气温的作用最弱为 0.02 ℃/10a,对最低气温作用最强,为 0.18 ℃/10a,为最高气温的 9 倍,为平均气温的 3 倍。本研究中 1978 年后的城市效应与国内外多数文献相似,即城市发展对最低气温的影响最大,平均温度次之,最高温度最小。

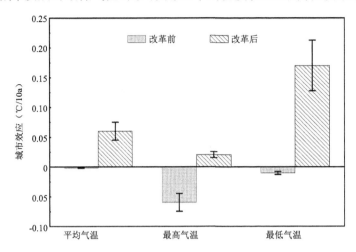

图 3.5　不同经济时期城市对平均气温、最高气温、最低气温的效应

3.3.3　地理特征对城市气温效应的影响

城市所处的地理环境对于城市气温的变化同样具有显著作用,但作用结果较为复杂(图3.6)。首先,平原和高原城市对气温的影响大于绿洲城市,平原和高原对城市各温度要素的作用趋势基本相同,只是在大小程度上有差异。例如,1961—1978 年平原和高原城市对最高温度和最低温度的作用均为负值,但对平均温度作用为正值,而 1979—2012 年对各温度要素的作用都为正值;1979—2012 年平原和高原城市对平均气温的增温作用分别为 0.143 ℃/10a,0.084 ℃/10a,而绿洲城市仅为 0.015 ℃/10a,平原和高原对城市的增温作用数倍于绿洲,对最高温度与最低温度的影响同样远高于绿洲城市。

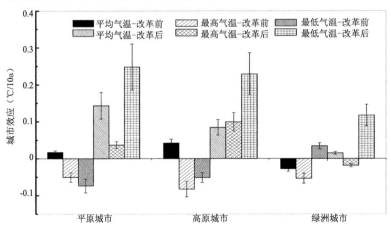

图 3.6　不同经济时期各地理环境下的城市效应

其次,不同地理特征的城市在改革开放前后对温度的效应不同。1961—1978 年城市主要表现为降温作用,降温作用一般在 −0.05 ~ −0.03 ℃/10a。1979—2012 年城市效应则转变为升温作用(绿洲城市的最高温度除外),升温作用主要在 0.04 ~ 0.14 ℃/10a,最高可达 0.25 ℃/10a。总体来说,西北地区 1978 年前后经济发展水平由低到高的转变与城市效应由弱变强,由负到正的趋势非常一致,这一结果能够很好印证人类活动对气候变化的作用。

另外,城市对于各气温要素的作用倾向不尽一致。在 1961—1978 年,不同地理特征的城市对于气温影响较为复杂,有正也有负,但对于最高温度均表现出较明显的副作用;1961—1978 年,城市对于最低温度也表现出较明显的影响,对于平原和高原为副作用,而对于绿洲则是正作用;对于平均温度的作用则相对较弱,平原和高原城市为较弱的正作用,绿洲则为弱的副作用。1979—2012 年平原和高原城市对于平均温度和最低温度的作用显示出强烈的正作用,对最高温度也有较显著的正作用,而绿洲城市仅对最低温度的正作用显著,而对平均温度和最高温度效应不明显。

本研究发现不同地理类型的城市在气温上升过程中都会表现出一定的负效应,或者说抑制增温的作用,而这个现象在以前中国气温研究文献中很少出现,Wang 等[117]曾经指出在我国西南地区存在这种现象,而对于其他区域,以及其他地理类型的城市则很少有人研究。这种现象在其他国家和区域则早有发现[49,134,142],但出现在其他文献中的城市负效应远不如本研究中的显著和强烈。对于城市对气温趋势抑制的这种负增温效应,国内外学者认为,可能会在一些绿洲城市出现,而其他区域城市的这种副作用很少被发现[143-146]。

3.3.4　不同城市规模对气温效应的影响

城市规模对城市效应同样表现出非常重要的作用(图 3.7)。城市规模越大,其对气温变化趋势的影响也越大,近 49 年来城市对气温的最强负效应和最强正效应都出现在人口最多的特大城市,中等城市次之,小城市最弱。特大城市的正效应最大可以达到 0.43 ℃/10a(1979—2012 年的最低温度效应),差不多是同期大城市的 1.7 倍,是中小城市的 4 倍;特大城市的最强负效应为 −0.22 ℃/10a(1961—1978 年对最高气温的效应),约为大城市效应绝对值的 30 倍,

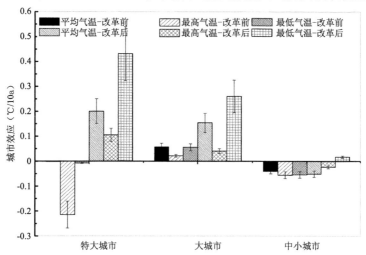

图 3.7　不同经济时期各城市规模的城市效应

为中小城市的 15 倍。比较而言,无论对于平均温度、最高温度,或者最低温度,特大城市基本上都表现出最强的影响。

大城市对于气温的变化同样表现出较明显的作用。1961—1978 年,大城市对平均温度和最高温度影响微弱。1979—2012 年,大城市各温度要素的作用达到了 0.12～0.22 ℃/10a 的较高水平。中小城市对气温变化趋势的作用微弱,并且与经济发展的关系不甚密切,中小城市在改革开放前后对平均温度和最高温度的效应都为微小的副作用,但对于最低温度则表现为一定的正作用,特别是 1979—2012 年对于最低温度的正作用达到了 0.1 ℃/10a 左右的水平。

不同城市规模对于近地面气温升温的影响表现出一些负效应。然而,这些负效应在 1978 年以后几乎全都转变为强烈的正效应。这些情况与 3.2 小节和 3.3 小节一样,都清楚地证实了城市化和经济发展水平可以通过某种机理发挥对气温增减的作用。

3.3.5　人口数量和海拔高度对城市气温效应的影响

人口是表征城市发展的重要指标之一,是城市规模的指示器,同时也在一定程度上代表了城市对资源和能源消耗程度。为了分析人口数量对气温的影响,我们利用改革开放前后的城市人口差值与改革开放前后城市效应的差值数据建立了城市人口与城市气温效应的关系模型。图 3.8 显示了城市人口与气温的关系曲线为明显的对数增长型,人口与平均气温、最高气温和最低气温的模型相关性达到了 0.71～0.75,通过了 0.01 显著性水平检验。当城市人口增长数量超过 22 万时,城市气温效应总是表现为正值,而当城市人口增量小于 22 万时,城市效应有可能会表现为负值,也就是说一个城市 1979—2012 年后人口增量较小时,其对增加气温的作用较小,或者并不能促进气温的升高。改革以后城市效应为负值的城市为酒泉、克拉玛依和库尔勒等 3 个城市,这 3 个城市都为绿洲型中小城市。随着城市发展,绿洲区域的城市冷岛效应不断加强可能导致了这些城市气温上升趋势变慢,从而造成城市效应的下降。

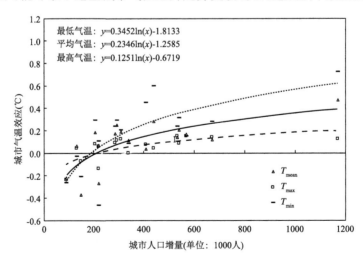

图 3.8　城市人口变量与城市气温效应的模拟关系(实线表示的是平均气温,
点线表示的是最低气温,虚线表示的是最高气温)

通过建立模型,并没有发现城市气温效应和城市海拔高度之间存在任何相关关系。图3.9 表明,平均气温和最低气温随着海拔高度的增加有一定的下降趋势,而最高气温则相反,表现为随海拔升高而增加,但是平均气温、最高气温和最低气温与海拔高度的关系模型均没有通过显著性检验。

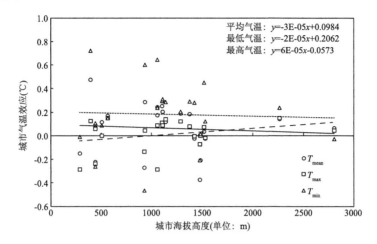

图 3.9　城市气温效应与海拔高度的模拟关系(实线表示的是平均气温,
点线表示的是最低气温,虚线表示的是最高气温)

3.3.6　城市效应在气温上升中的贡献

西北地区城市规模和城市地理环境对城市气温变化表现出了复杂的效应(表 3.3)。根据城市规模,特大城市和大城市表现出较强的增温效应,它们对城市原始气温上升趋势的贡献在20%～40%(除了特大城市的最高气温),相反中小城市却存在较弱的负效应(即降温作用),其对气温有大约 10%的降温作用。而对于城市地理环境而言,平原城市和高原城市对气温增加有大约 10%～30%的正贡献(平原城市最高气温除外),然而,绿洲城市表现为－3%～－6%的负贡献。

表 3.3　城市效应在城市升温中的贡献率(单位:%)

	平均气温	最高气温	最低气温		平均气温	最高气温	最低气温
特大城市	30.31	－4.13	44.42	平原城市	12.49	－32.62	23.04
大城市	23.59	0.50	24.74	高原城市	24.72	8.81	35.72
中小城市	－12.04	－13.08	－11.76	绿洲城市	－2.70	－5.93	－4.91

3.4　讨论

3.4.1　城市效应与以往研究结果的差异

通过比较城市效应在 1961—1978 年和 1979—2012 年两个时期的差别可以发现,城市化对气温影响作用的大小程度主要依赖于城市区域的经济发展水平(亦即人为活动的规模大小)。1978 年之前,城市化效应对于平均气温、最高气温和最低气温的影响总体上为负值,然而这种形势在 1978 年后完全逆转。中国早期大多数关于城市对于气温影响效应的研究都认为城市发展都增加了城市的热岛效应,城市气温的上升都要快于其附近的郊区[141]。然而,Portman[69]给出的研究与本研究结果相似,他认为不少的中国城市发展可能会导致城市气温上升速度的下降。西北地区1961—1978年的这种大规模城市气温负效应(18年中22个各类城市,无论是对平均温度,还是对最高温度,最低温度),在之前还从未报道过,虽然这种负效应并不是很显著,其绝对值低于0.05 ℃/10a。然而,在1979—2012年城市效应发生了显著的变化,城市对于平均气温和最低气温的作用分别达到了0.06 ℃/10a和0.17 ℃/10a,这个数值占到了平均气温和最低气温在1979—2009年增温总量的11.6%和29.0%。

从本研究可见,城市对于气温的影响效应远远低于以往国内那些关于城市热岛效应的结果。Jones等[147]认为越大区域数据的应用越可能造成气温趋势变得不显著。Peterson[139]和Ding等[115]特别强调关于城市和郊区气象站的界定也是一个非常关键的因素,城郊气象站的选择对于城市热岛效应计算结果会产生非常明显的影响。因此,从本研究可见,对于更多城市和更长时期数据的应用,改革开放前较低的经济发展水平,以及干旱多风的气候特征可能造成了西北地区城市发展对气温影响的作用下降。

3.4.2　地理环境影响城市效应的原因

城市周围的地理环境对于城市气温趋势变化同样表现出非常显著的作用,加强或者减弱了城市气温效应。本研究中,相比绿洲城市,平原和高原被发现具有更强的增加城市效应的作用。平原和高原城市的地表条件(诸如地表结构、植被覆盖、地面热容量等)本质上与外部环境是一致的,而绿洲城市的外部环境,无论是地表还是大气条件都与城市区域有着本质的不同。因此,绿洲城市不能像平原城市和高原城市那样容易把温室气体积累到较高水平的浓度,另外,由于绿洲区域多大风天气,城市与郊区空气和热量交换更快,所以城市的气温效应相对偏弱,特别是最高气温的效应几乎总是负值。总体上,1961—1978年各种地理环境的城市效应绝对值都低于0.08 ℃/10a,而1979—2012年城市效应可达到0.25 ℃/10a。

3.4.3　城市效应的特殊情况

就像其他学者的研究结果一样,城市规模对于气温的变化趋势发挥着重要作用。本研究发现,特大城市和大城市对于气温上升的影响远大于中小城市。特大城市在改革开放前和改革开放后都表现出了最强效应(改革开放前为最强负效应,改革开放后为最强正效应),最强正负效应分别达到了−0.2 ℃/10a和0.4 ℃/10a。

对于单个城市来讲,城市效应的差别异常明显。平均气温负效应最强的是乌鲁木齐(特大城市、绿洲城市),为−0.31 ℃/10a;最高气温负效应最强的是兰州(特大城市、高原城市),为−0.48 ℃/10a;最低气温负效应最强的是格尔木(中小城市、高原城市),为−0.66 ℃/10a。相反,平均气温正效应最强的是西安市(特大城市、平原城市),为0.47 ℃/10a;格尔木最高气温正效应最强,为0.19 ℃/10a;西安最低气温的城市效应最高达0.72 ℃/10a。

3.4.4　城市正负效应产生的原因

分析发现,下面介绍的两个因素可能是西北地区城市在1961—1978年和1979—2012年出现大范围和显著负效应和正效应的原因。第一个导致城市负效应的主要因素是区域经济水平发展的变化。城市负效应主要产生在1978年之前的低经济水平时期,当时的西北地区经济主要是以农业生产为主导,农耕和水利建设活动规模巨大,同时一些重工业基地多处于较偏远的郊区和山村,当时处于郊区和农村的经济活动远比城市经济活动频繁。而 1978 年之后,这种情况随着城市近郊大量的工厂、企业不断建立以后得到了迅速逆转。第二个原因是由于人口城市化而导致的城市下垫面结构的变化。1978 年之前,全国城市人口远少于农村人口,而 2009 年城市人口已经比 1978 年增长了 6 倍,城市面积也扩大了 3.7 倍,城区下垫面特征发生了重大变化,大量建筑物和水泥柏油路面严重改变了城市的热容量特征。上述有关经济发展和城市结构变化等原因,综合导致了西北地区在 1961—1978 年城市负效应的产生,以及 1979—2012 年显著正效应的形成。

3.5 小结

研究使用了西北地区所有能获得的气象数据分析了城市和乡村 1961—2009 年的气温变化趋势。使用城乡气温趋势差评估了城市发展对气温的影响效应。主要结论为:

(1)近 49 年来,西北地区城市和乡村分别上升了 1.70 ℃ 和 1.63 ℃。这样的增温速度相比国内以前很多研究结果都要高,然而,近 49 年城市气温比乡村气温的上升趋势仅仅高了 0.07 ℃,这个数据又远远低于以往的其他研究结果。

(2)经济发展水平、城市地理环境以及人口规模都能够增进城市对气温的影响,其中经济发展水平在这几个因素中发挥的作用最大,1961—1978 年,西北地区城市总体上呈现出并不显著的效应;而 1978 年以后,迅速逆转为强烈的增温效应。最低气温最容易受经济发展和城市化进展的影响,其在各气温要素中变率最大,接下来是平均气温和最高气温。城市所处的地理环境也能在一定程度上对城市气温效应有着影响,1978 年以后的 30 年,高原和平原城市对气温的影响作用大致为绿洲城市的 2 倍。不同人口规模的城市,由于经济水平和地理环境不同,其对气温的作用差异很大。在 1978 年以后的 30 年,特大城市和大城市总是表现出强烈的增温作用,而中小城市在近 50 年中的总体作用为微小的降温作用。

(3)城市人口增长对于城市气温效应的影响作用呈现出显著的对数关系,而城市海拔高度与气温效应之间没有明显的相关性。

(4)西北地区城市发展和经济发展对于城市气温序列有一定的影响,对较大规模城市来说,城市效应对于城区近 50 年的气温增长有 10%～40% 的积极贡献,但是对绿洲等其他一些城市可能存在 3%～10% 的负贡献。然而,城市气温增长趋势中其余的 60%～90% 很难用经济发展或者城市发展来解释,这部分增温可能与城市化或者城市经济发展无关,正如 Parker[157] 所说,大规模的增温不是城市作用。

第4章　西北地区经济发展对降水趋势变化影响的研究

4.1　城市降水检测概述

　　21世纪以来,全球气候变化的事实逐渐为世人所瞩目,诸如,冰川消融、永久冻土层融化、海平面上升、旱涝灾害增加、高温热浪、飓风暴雨等极端气候事件频频出现。2007年IPCC第四次评估报告(AR4)指出全球气温在最近100年(1906—2005年)升高了0.74 ℃,全球陆地平均降水量在20世纪以1.1 mm/10a的速度上升。全球降水的量级变化和显著性不及气温变化那么强烈,不同区域的降水变化趋势也不尽相同,甚至表现出相反的态势。各大洲和不同气候带的降水都有着各自的区域特点,但总体以上升为主。Jones等[4]和Hulme等[3]认为,自20世纪初以来全球陆地降水量增加了2%,虽然时间和空间的配合趋势并不一致,但却达到了显著性水平检验。Mohammed[7]发现北半球中高纬度的降水增加了7%～12%,而南半球中低纬度仅仅增加2%。从百年尺度上看,北亚各月降水量平均减少了4.1 mm,但在近10～15年却表现为上升趋势,并且上升趋势主要发生在夏秋季节。中国区域的降水同样表现出时空变化的不一致,Zhai等[15]发现,过去50年中国年平均降水量有微弱的下降,降水日数下降趋势为3.9%/10a,但局部地方的最大降水量却上升了10%。丁一汇等[26]认为,近100年和50年中国年降水量变化趋势不显著,而年代际波动较大;1990年以后,全国多数年份年降水量均高于常年,中国年降水量趋势变化存在明显的区域差异。

　　全球降水量变化的自然原因主要有ENSO、厄尔尼诺、ENSO耦合南方涛动等大气环流在各年代际的剧烈变化[7],Trenberth[148]在《Science》上发表的文章称,气温升高增加大气储水量加强了大气水运动。另外,人类活动向大气中释放大量气溶胶粒子和凝结核物质等人为因素也推动了降水在时空分布上建立新的平衡。OECD和IPCC引用数千份文献认为,全球近50年来的气候变化有70%的可能是由于人为活动引起的,这个概率比IPCC第三次报告的50%又增加了20个百分点。Huff等[149]在1972年分析了圣路易斯城长期降水的研究表明:在城市的上空和下风方向,月和季降水量以及降水天气现象的发生频率,明显高于周围邻近地区;这种降水分布的异常在夏季最显著,并且表现出随着城市化进程增强的趋势。而Rosenfeld[75]在Science刊发的文章认为:在工业区和城市群下风方向,由于大气污染物转化而来的冰核和云凝结核的加入,使层状云产生更多的小云滴,云滴谱分布更加均匀,从而降低了云水向雨水的转化效率,使城市下风方向的降水受到抑制。Changnon等[150]指出城市对夏季中等以上强度的对流性降水的增雨效果尤其显著。王喜全等[79]对北京冬季降水的研究发现,城市对于降水分布因城市发展的快慢会有不同,发展缓慢期下风方向降水多,发展快速期则逆转。梁萍等[80]发现上海在城市快速发展时期,市中心区域降水增加,且随着城市化加强,降水变化增强,特别是夏季,市中心表现出明显的雨岛效应。廖镜彪等[81]认为,城市化过程使得广州降水量增加的趋势明显,城市化造成了广州大雨、暴雨和大暴雨等强降水日数增加,城市化对广州城市降水增加的贡献率为 44.7%。

我国有关降水的研究多集中于趋势研究和发达地区经济对降水的影响,但关于西北地区经济发展对降水的定量影响评估非常少见。中国西北地区地处中亚内陆,地理环境复杂,因为经济发展落后,受人为活动影响较小,经常被用来进行全国和国际气候背景研究,因此在该地区开展降水变化趋势的定量检测研究,对分析经济发展在气候变化中的贡献具有较好的参考作用。

4.2　数据与方法

气候变化分析需要研究对象有较长的气候历史记录和精准的数据,为了获得科学可靠的结果,本节对西北 5 省(区)194 个国家基本基准气象站(数据来源于中国气象局数据共享网)的历史记录进行了仔细筛选,对历史数据不全、缺测超过 3 年、数据质量有明显瑕疵的气象站点进行了剔除,最终有 136 个气象站参与分析;另外,西北地区多数站点在 1960 年以前尚未建立,故本文中选取 1961—2012 年作为研究时段。

利用 1961—2012 年各气象站的年降水量、年降水日数、降水强度(即平均日降水量)、日最大降水量等气候资料,西北城市和化工工业分区情况,以及西北地区城市工业产值、服务业产值、建筑业产值、社会固定资产投资、煤炭消耗量、水泥产量、汽车拥有量、货物周转量、城镇人口比例等 9 个经济发展指标(石油产量数据因为不完整而未采用,资料来源于中国城市统计年鉴),综合分析了西北地区城市、经济发展和化工业对降水变化趋势的影响。

4.2.1　经济发展水平时段划分

国内外研究表明,经济发展水平对于气候变化有较明显的影响,为检测经济发展对西北气候趋势变化的影响,本节对西北经济发展时期进行了划分。由于历史原因,我国 20 世纪 70 年代以前的经济数据客观性较差,所以本节选取发展指标中具有较好代表性的城镇人口比例数据,利用 Mann-Kendall 法进行了经济阶段划分。Mann-Kendall 检验是一种非参数化的统计检验方法,适宜于对时间变量和顺序变量进行突变分析。

图 4.1 为西北城镇人口变化趋势的 Mann-Kendall 检测。由图 4.1 可知,西北地区城镇人

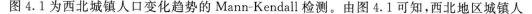

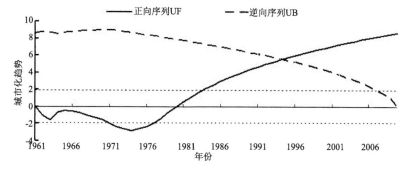

图 4.1　西北地区城镇人口比例的 Mann-Kendall 检验

口比例自1980年以后开始明显增加(城市化正向序列曲线 UF 在1980年以后都大于0),基本上对应我国经济改革的开始时期,因此本文以我国实施改革开放的1978年为界,把1961—2012年分为两个时期,即经济低速发展期(1961—1978年,改革开放前)和经济快速发展期(1979—2012年,改革开放后)。

4.2.2 城市分类

国内外有关城市发展对降水影响的研究认为,大都市和化工区对降水的影响作用最明显,为验证和研究西北地区域城市和工业发展对降水的影响,本节将所有研究城市分为省会城市、其他中小城市、化工工业城市,分类情况见表4.1。

表 4.1 城市类别

	省会城市	中小城市	工业化城市
城市名称	西安、兰州、银川、西宁、乌鲁木齐	宝鸡、汉中、安康、榆林、天水、武威、张掖、酒泉、格尔木、喀什、阿克苏、石河子、库尔勒、和田	克拉玛依、庆阳、延安
数量(个)	5	14	3

4.2.3 降水趋势计算

各气象站降水量在1961—2012年,1961—1978年(改革开放前)和1979—2012年(改革开放后)等不同时期的变化趋势利用一元线性方程进行计算,公式为:

$$y = ax + b \tag{4.1}$$

式中,a 为降水量在各时期的线性趋势(即斜率),a 的计算过程为:

$$a = \left(n\sum x_i \times y_i - \sum x \times \sum y\right) / \left(n\sum x_i^2 - \left(\sum x_i\right)^2\right) \tag{4.2}$$

降水日数、降水强度、最大日降水量的线性变化趋势计算与降水量相同。

4.2.4 经济发展对降水影响的检测

城市和经济发展对气候趋势影响的检测方法一般有城乡气候记录直接差值法、城乡气候趋势差值法、不同时期差值法等。对于气温、空气相对湿度等连续变化的气候要素,上述各种方法都能较好地反映经济发展对气候变化的影响。而降水属于不连续分布、局地性很强的气候要素,对于西北城乡气象站距离较远,地理环境差别大,城乡降水量级差异大的区域,利用直接记录差值法很难检测出人类活动的影响。因此,本文借鉴 Karl 检测气候变化趋势的方法,利用气候要素在不同时期的趋势差值来表达不同经济和城市发展水平下对降水的影响;同时,根据城区、化工降水变化与周边乡村气候背景的差异,来对比验证经济发展对降水是否产生影响。

本研究以1961—1978年经济慢速期的降水趋势为城市气候背景值(改革前西北经济发展以农业为主导,在较长时期发展极为缓慢,可以假设这一时期经济活动对气候变化无影响),再以所有乡村站气候状态为西北地区域气候背景(114个站的平均值,除去22个城市站),利用城市站与气候背景的差值来反映人为活动对气候的影响。利用改革后经济快速期与改革前经济慢速期降水趋势的差值来表示城市经济发展对降水的影响程度,公式为:

$$A = (a_{u2} - a_{u1}) - (\overline{a_{c2}} - \overline{a_{c1}}) \tag{4.3}$$

式中,A 为经济发展对降水各指标的影响程度,a_{u2} 为城市站降水各指标在改革开放后(1979—2012 年)的线性趋势,a_{u1} 为降水各指标在改革开放前(1961—1978 年)的线性趋势,$\overline{a_{c2}}$ 为乡村站降水各指标在改革开放后(1979—2012 年)的线性趋势平均,$\overline{a_{c1}}$ 为乡村站降水各指标在改革开放后(1961—1978 年)的线性趋势平均。各时期降水指标线性趋势由公式(4.2)得出。

根据公式(4.3)所得的经济发展影响数值,与 1979—2012 降水平均值的百分比代表经济发展等人为活动在改革开放以后对降水总量变化的贡献,公式为:

$$C = (A/P) \times 100\% \tag{4.4}$$

式中,C 为经济发展对降水影响的贡献率,A 为经济发展对降水的影响程度,P 为 1979—2012 年降水气候平均值。

4.3　结果与讨论

4.3.1　近 50 年西北地区降水变化特征

西北地区属于典型的干旱气候,全区年近 52 年平均降水量为 285.5 mm,平均降水日数 75.4 天,降水强度平均为 3.36 mm/d,平均最大日降水量 28.2 mm。1980 年以前西北降水量处于低值时期(图 4.2),1980 年以后降水各指标总体上降水量处于一个高值时期,并表现为微弱的上升趋势,这与 Zhai 等[154]和丁一汇等[115]关于北亚和中国降水在近百年尺度的趋势变化一致。近 52 年全区平均降水量变化幅度在 −23%～25%,最大日降水量变幅为 −14%～21%,

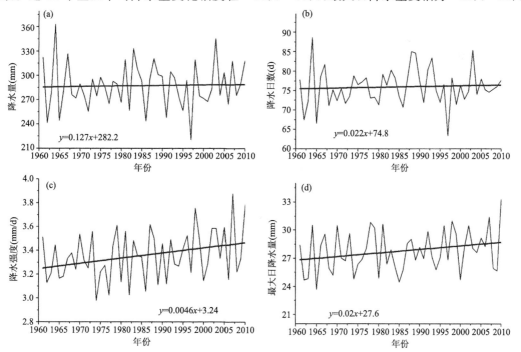

图 4.2　西北地区年降水量(a)、年降水日数(b)、降水强度(c)和日最大降水量(d)变化趋势

降水日数变幅在−17%～15%。降水量和降水日数变化趋势分别为 1.27 mm/10a 和 0.22 d/10a,上升不明显;降水强度和日最大降水量上升分别为 0.046 mm/(d·10a)和 0.2 mm/10a,趋势明显(通过 $\alpha=0.05$ 显著性水平检验),52 年来降水强度和日最大降水量上升总量分别为其平均值的 7.1%和 3.6%。周俊菊等[155]研究发现,甘肃石羊河流域湿润化趋势在波动中增加,而干旱事件在波动中减少,与本文结果相同。

　　西北地区各降水指标近 52 年变化趋势的一致性好,相关度比较高(表 4.2)。由表可知,西北地区年降水量与降水日数相关性最高,其次为降水强度,最后为最大日降水量,都通过 $\alpha=$ 0.01 显著性水平检验,这表明西北地区降水量主要由降水日数决定,降水强度为第二要素;与降水强度相关度最高的是最大日降水量,表明年平均降水强度越高的气象站,其年内极端日降水量也越大,也就是说降水量越大的地方,其出现强降水的风险就越高。

表 4.2　西北地区各降水指标的相关系数

相关系数	降水量	降水日数	降水强度	最大日降水量
降水量	1.00	0.80**	0.64**	0.54**
降水日数	0.80**	1.00	0.22	0.31*
降水强度	0.64**	0.22	1.00	0.72**
最大日降水量	0.54**	0.31*	0.72**	1.00

注:* $p<0.05$,** $p<0.01$。

4.3.2　各时期降水趋势的空间分布

　　近 52 年来,西北地区降水变化趋势大致以黄河上游沿线为界(图 4.3),黄河以西降水增加,黄河以东降水减少,西北地区降水增加高值区主要在新疆北部、青海省中北部,增加趋势为 20～30 mm/10a,降水减少高值区处于甘肃东南部、宁夏南部、陕西西南部和东部局部地方,减少趋势为 20～45 mm/10a。近 52 年来年降水量增加 20 mm 以上的站点为 52.2%,降水增加 50 mm 以上的站点为 24.3%;年降水量减少 20 mm 以上的站点为 25.7%,年降水量减少 50 mm 以上的站点为 16.2%;降水减少最多的华山站,52 年来减少了 218 mm,增加最多的乌鲁木齐增加了 152 mm。

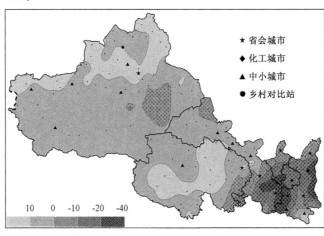

图 4.3　西北地区降水量趋势变化空间分布图(单位:mm/10a)

　　西北地区中西部降水量在改革开放前和改革开放后总体上表现为上升趋势(图 4.4),而西北地区东部都为下降趋势。西北地区中西部降水总体上升,但在各时期仍有一些区域为下降趋势,其中,1978 年前北疆中部,南疆南部和青海南部为下降趋势,1978 年后新疆中部和甘肃酒泉北部为下降趋势。西北地区东部降水则一直处于下降趋势中,但是 1978 年后降水下降的趋势明显减缓。施雅风等[151]和宋连春等[152]发现,西北降水在近百年的变化主要为下降趋势,但在 1980 年以后开始增加,但受不同气候系统影响,西北地区东西部降水量变化有相反趋势,李志等[153]发现黄土高原严重干旱事件由西北向东南递增,上述研究与本文结果有相似之处。

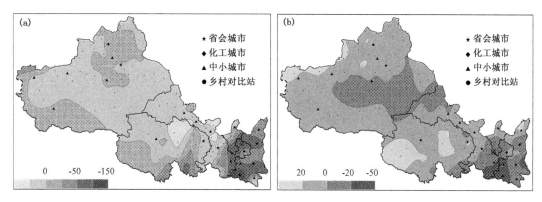

图 4.4　不同经济时期各降水量趋势空间分布图(单位:mm/10a)
(a)1961—1978 年降水量变化趋势;(b)1979—2012 年降水量变化趋势

　　关于西北人口最密集、工农业最发达、经济最繁荣的东部地区近 52 年来降水量持续下降的原因,学者们各有见解,宋连春等[152]认为这种情形是由于气候系统影响造成的,Rosenfeld[75]认为城市和化工区对降水有明显影响,大气污染物增加导致云水向雨水的转化效率降低,致使城市下风方向降水受到抑制,而王喜全等[79]等认为城市发展不同时期对下风区降水的影响作用不同,慢速发展期促进降水增加,快速发展期导致降水减少。

4.3.3　不同经济水平时期的降水趋势差值

　　为了进一步探究西北地区东部降水趋势变化的原因,本节对计算的降水指标 1978 年前后趋势差进行了空间分析(图 4.5)。图 4.5a 表明,除新疆中部和东部,青海北部、甘肃河西与甘南等地以外,西北其余大部地区年降水量变化趋势均为 1979—2012 年大于 1961—1978 年(差值为正);西北中西部地区降水趋势差为正值是由于降水量增多,但对西北地区东部来说,降水量趋势差为正值不是因为降水量的增加,而是因为 1979—2012 年降水的下降趋势显著小于1961—1978 年的下降趋势,从而造成降水的变化为增加趋势。图 4.5a 还表明,1979—2012 年降水趋势增加的区域多分布在人口密集的城市、石油化工区及其下风区域,特别是人口稠密的西安,以及甘肃陇东化工、陕北化工和北疆化工工业区(克拉玛依),这些区域改革后与改革前的降水趋势差值高达 48.9～87.4 mm/10a,相当于 1978 年后的 34 年内降水量增加了 166.3～297.2 mm;乌鲁木齐、兰州、西宁和银川等城市和其他中小城市下风方向(东部和南部)的降水趋势值也是 1979—2012 年高于 1961—1978 年(河西走廊个别城市除外),上述结果初步表明,西北地区经济、城市和化工业发展对降水有增加作用,在我国经济相对落后的区域印证了

Huff 等[149]和 Rosenfeld[75]城市及化工业发展促进降水增加的论断。改革后与改革前降水日数、降水强度和日最大降水量的相对趋势分布情况与降水量不完全相同,但各省会城市、北疆、陕北和陇东 3 个化工工业区及其下风方向区域的各项降水指标总体上都表现一致,即改革后与改革前的趋势差为正值(图 4.5b—d),以上区域 1979—2012 年的降水日数、降水强度、最大日降水量相比 1961—1978 年分别增加了 13~30 d,7.2~23.8 mm/d,10.0~37.4 mm,降水日数等其他 3 个指标的趋势变化进一步证明化工业和城市发展对于西北地区降水是有促进增加的效用的。

降水日数反映出,兰州、银川两个省会城市及其下风区域在 1979—2012 年的趋势小于 1961—1978 年;最大日降水量的趋势表明,兰州和乌鲁木齐两个城市在 1979—2012 年小于 1961—1978 年,但其下风方向区域的趋势率在 1979—2012 年都比 1961—1978 年高。出现上述结果的主要原因是,这 3 个城市降水总量少、空气干燥,随着城市发展汽车尾气和其他大气污染物排放量不断增加,空气水凝结核增多,减少了小量级的降水,同时在一定程度上减少了大量级的降水,使降水趋于均匀化。

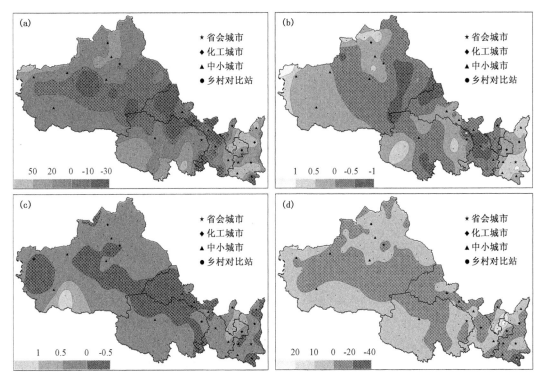

图 4.5 (a)1979—2012 年与 1961—1978 年的降水量趋势差值空间分布图(单位:mm/10a);
(b)1979—2012 年与 1961—1978 年的降水日数趋势差值空间分布图(单位:d/10a);
(c)1979—2012 年与 1961—1978 年的降水强度趋势差值空间分布图(单位:0.1mm/d);
(d)1979—2012 年与 1961—1978 年的日最大降水量趋势差值空间分布图(单位:0.1mm)

从图 4.5a—d 可以看出,在人口稀疏且人类活动较少的天山地区、青藏高原北部、甘南高原和西北其他荒漠等对西北气候变化背景有指示作用的地方,降水量、降水日数、降水强度和日最大降水量在改革后与改革前的趋势差为负值;而人口密集、经济发达区域的趋势差值则为正值。经济发达的省会城市和其下风区，以及石油化工区与西北气候背景区降水在趋势上的正反对比，充分证明经济、城市和化工业发展对降水增加具有显著的促进作用。

4.3.4　城市及化工业发展对降水的影响

西北省会城市和石油化工区降水指标在各时期的结果见图 4.6。从降水量来看，陕陇工业区（即延安、庆阳及其影响的区域）、西安和西安下风区降水量在改革开放后的相对增加最为明显，原因为 1979—2012 年的下降趋势明显小于 1961—1978 年，而其他城市和北疆工业区（克拉玛依及其影响的区域）降水也总体表现为增加，增加的绝对值较小，但这些区域降水增加是因为 1979—2012 年的净增加量为正值。

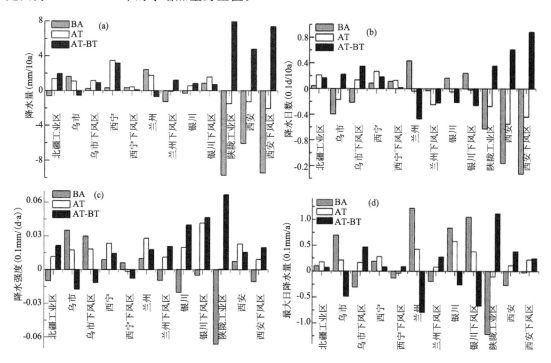

图 4.6　省会城市和工业区降水指标不同时期的变化趋势

（BT 为 1961—1978 年趋势，AT 为 1979—2012 年趋势，AT—BT 为 1979—2012 年趋势减去 1961—1978 年趋势的差值；图中乌布为乌鲁木齐。a. 降水量，b. 降水日数，c. 降水强度，d. 日最大降水量）

各城市和工业区降水日数与降水量的情况略显不同，兰州、银川及其下风区改革后降水日数相比改革前下降；乌鲁木齐、陕陇工业区、西安和西安下风区降水日数的增加也是因为 1979—2012 年的下降趋势小于 1961—1978 年，其余城市和工业区降水日数增加是因为净增加量为正值。降水强度仅有乌鲁木齐市和西宁下风区减少，其余城市和工业区均为增加趋势，且都是由于净增加量增加的缘故。

日最大降水量除乌鲁木齐市、兰州、银川、西宁下风区和银川下风区为下降趋势外，其余城市和工业区都为增加趋势；但增加原因较复杂，一部分是因为净增加量为正，一部分是由于下降趋势减少，其余则是因为趋势由负变正。

4.3.5　城市及化工业发展对降水变化的贡献

由公式(4.4)得到西北城市经济和化工业发展对降水的贡献率,结果见表4.3。由表4.3可知,改革后城市和化工业发展对降水有显著的影响,正效应所占比例较大。总体来说,化工区对降水各指标的贡献为正;城市及其下风区对降水变化的贡献较为复杂,有正有负;各省会城市中仅有西安对降水变化的贡献全为正贡献,并且比例最大。比较而言,有较多的数据证明城市及其下风区和化工区对降水强度的正贡献最明显,而对降水量、降水日数和日最大降水量的影响作用不稳定。西北地区城市和化工业对降水的正贡献率总体在10%~60%,与梁萍等[80]、廖镜彪等[81]发现城市化能够促进降水量增加的结论相似,但同时西北地区城市和经济发展对降水的上升趋势还存在一定比例的负贡献,这在其他文献中很少有报道。

表4.3　省会城市和工业发展对降水趋势的贡献(单位:%)

区域	降水量	降水日数	降水强度	日最大降水量
北疆工业区	17.3	12.6	11.6	2.0
乌鲁木齐市	—	10.6	—	—
乌鲁木齐市下风区	—	—	3.5	1.1
西宁	15.6	9.0	—	—
西宁下风区	—	4.1	—	—
兰州	—	—	4.6	—
兰州下风区	—	—	1.5	11.0
银川	4.5	—	31.3	—
银川下风区	—	—	28.3	—
陕北陇东工业区	57.9	20.0	34.8	67.1
西安	23.5	26.5	2.4	22.8
西安下风区	34.3	32.2	6.2	18.4

注:"—"表示其贡献率为负值。

4.4　小结

利用西北地区1961—2012年的降水量、降水日数、降水强度、日最大降水量、城市发展等资料,研究分析了城市经济发展和石油化工业对降水的影响,得出以下结论:

(1)近52年,西北地区降水量呈现增加趋势,但东西部的变化趋势不同,西北中西部降水量为增加趋势,而东部为减少趋势。

(2)在经济发达的西北地区东部、各级城市和石油化工,改革开放后降水量、降水日数、降水强度、日最大降水量的变化趋势相比改革开放前有明显的增加,但增加原因较为复杂,在东部地区主要是因为改革开放降水的下降趋势相比改革开放前有明显的减少,而在石油化工区和其他人口密集的城市,则是因为改革后的净增量相比改革前有明显增加。

（3）经济和化工业发展对西北城市及其下风区降水上升趋势的贡献率在 10%～60%左右不等，但同时还存在一定比例的负贡献。

（4）相比北京、上海和广州等发达城市，西北地区经济发展和城市化过程对于降水的影响（降水量变幅 20 mm 以上，季节变幅 20%左右）偏低。西北地区经济发展对降水影响的作用偏低，一方面表明，西北地区的经济总量（也即人为活动的影响能力）还不够高；另一方面，西北地区复杂的地形地貌和气候特征，特别是高原荒漠等特殊下垫面的物理属性，以及强烈的西北东南季风可能影响了人为活动影响的发挥。

第 5 章　不同经济水平阶段其他气候要素动态变化

城市与经济发展对气候环境的影响不仅限于对气温和降水的影响,它同时还对地面水汽压、相对湿度、风速、日照,以及空气极端最高温度和极端最低温度产生了不同程度的影响,国内很多学者对城市气候环境的研究发现,随城市发展,城市出现了热岛、雨岛、干岛、霾岛等现象。为了分析西北地区城市发展对城乡其他气候环境的影响,本章从气压、水汽压、相对湿度、风速、日照、极端气温等方面分析了城市经济发展对气候环境产生的影响。

5.1　数据与方法

本部分研究所用气候数据来源同第 3 章和 4 章相同,均来自于中国气象科学数据共享网。城市站点选择、城市分类、经济时期划分均相同于第 4 章。

各气候要素趋势计算过程,相同于第 4 章中降水趋势的计算。

5.2　结果与讨论

5.2.1　气压动态变化

西北地区全区气压多年平均值为 833.3 hPa,气压年际变化在 831.5～835.0 hPa,变化幅度仅为 0.4%,其变化相对气温和降水的变化幅度显得微不足道。西北地区近 50 余年的气压变化趋势总体以下降为主,其下降趋势表现为三次方函数形式(图 5.1),其变化趋势通过了 0.05 显著性水平检验。

近 50 余年西北地区气压变化趋势空间分布见图 5.2a。由图 5.2 可知,新疆西北部、青海中东部、甘肃河东大部和陕北地区气压为下降趋势,西北地区其余地区为上升趋势。其中省会城市中,乌鲁木齐市和西宁趋势为下降,西安、兰州和银川均为上升趋势,克拉玛依、陇东和陕北石油化工区总体为下降趋势,其余中小城市气压总体上也为上升趋势。

1978 年以前新疆中南部、青海西部和北部、甘肃河东大部和陕西北部等地的气压为上升趋势(图 5.2b),上升趋势主要在 0.1～1.0 hPa/10a;西北地区其余地方则为下降趋势,下降趋势主要在 0.05～0.95 hPa/10a。1978 年以后新疆东南部、青海中南部、陕西南部等地气压趋势为上升(图 5.2c),上升趋势为 0.05～0.5 hPa/10a;其余大部地区为下降趋势,下降趋势为 0.08～1.5 hPa/10a。对比改革开放前后的气压趋势变化图,大致可以认为西北地区气压变化有逆转的形势,即 1961—1978 年上升的区域在 1979—2012 年转为下降趋势,而 1961—1978 年下降的区域在 1979—2012 年转为上升趋势。这种情况在前述的气温和降水研究中不曾出现。

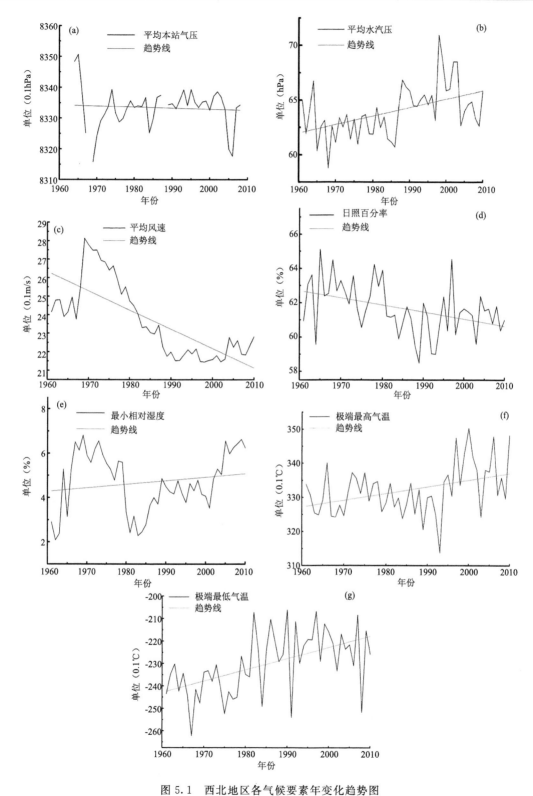

图 5.1　西北地区各气候要素年变化趋势图
（a. 气压；b. 水汽压；c. 风速；d. 日照；e. 最小相对湿度；f. 极端最高气温；g. 极端最低气温）

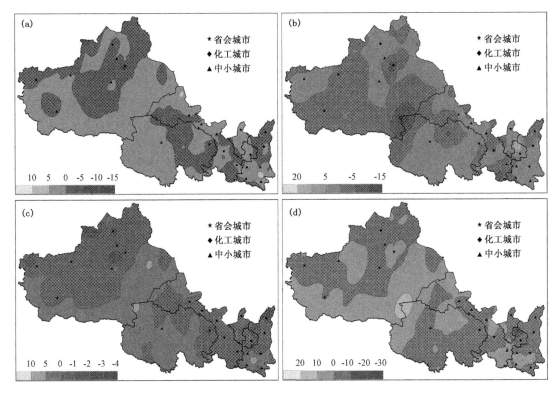

图 5.2　西北地区各时期气压趋势变化(a.1961—2010 年气压趋势；b.1961—1978 年气压趋势；c.1979—2010 年气压趋势；d.1961—1978 年和 1979—2010 气压趋势的差值。单位：0.1 hPa/10a)

　　1979—2012 年与 1961—1978 年气压趋势差值分布见图 5.2d，新疆东南部、青海西北部、甘肃酒泉和陇南、及陕西西南部地方气压为上升趋势以外，西北地区其余大部地方都为下降趋势。气压趋势差值还反映出，石油化工区和绝大部分城市的气压在 1978 年后都下降了，仅有部分山区和人口稀疏的区域，气压为上升趋势。

　　影响气压变化的因素比较多，一方面是全球或区域环流形势发生了变化，另一方面可能是区域气温变化引起，另外，观测设备的更新升级也可能造成一定的系统误差，关于影响气压等气候要素的原因在后续工作中深入研究。

5.2.2　水汽压动态变化

　　西北全区水汽压多年平均值为 6.4 hPa，年际变化在 5.8～7.2 hPa 波动，变化幅度为 21.9%，变化幅度较大。西北地区近 50 余年水汽压的变化趋势总体以上升为主，上升趋势为 0.08 hPa/10a，水汽压变化趋势的模拟方程通过了 0.05 显著性水平检验(图 5.1b)。

　　西北地区近 50 余年水汽压变化趋势空间分布见图 5.3a。由图可知，除陕北、甘肃陇南南部和青海局部地区水汽压为下降趋势；其余大部地区的水汽压均为上升趋势，其中陕西南部、新疆大部和甘肃酒泉西部上升趋势较为明显，其上升趋势在 0.1～0.4 hPa/10a。1978 年之前，新疆大部、青海、甘肃和陕西的局部地方水汽压为上升趋势(图 5.3b)，西北其余大部地区为下降趋势。1978 年之后，除个别地方水汽压有下降趋势外(图 5.3c)，全区其余地方均为上升趋势。从改革开放前后水汽压趋势差值分布来看(图 5.3d)，除新疆部分地方，西北地区其余个别地方为负值,其余大部区域为正值。

　　水汽压在各时期的趋势变化和空间分布没有表现出明显的人为影响的作用,城市和化工区对于水汽压的影响无法检测,其高值区和低值区的空间分布也没有显著的特征。影响水汽压变化的因素主要包括气温变化、空气水含量、风速变化、天气系统移动等。西北地区水汽压在全区范围内上升,其上升趋势又不受制于城市和化工工业的发展,虽然上升的幅度非常小(近 50 年总共上升了 6%)。水汽压的时间变化和空间变化特征表明,其对人为活动不敏感,推动水汽压变化的原因可能主要还是自然因素,即水汽压主要是在自然状态下的规律波动。

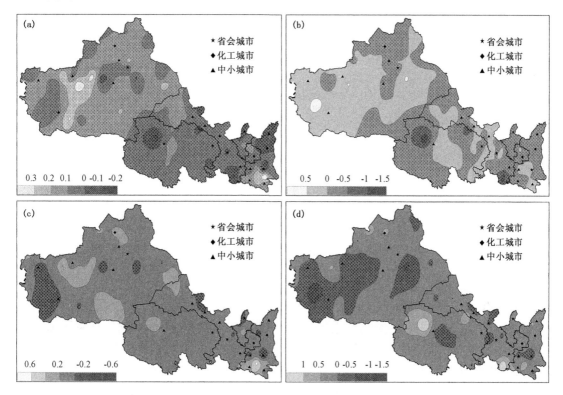

图 5.3　西北地区各时期水汽压趋势变化(a.1961—2010 年水汽压趋势;b.1961—1978 年水汽压趋势;
c.1979—2010 年水汽压趋势;d.1961—1978 年和 1979—2010 水汽压趋势的差值。单位:0.1 hPa/10a)

5.2.3　风速动态变化

　　西北全区风速多年平均值为 2.37 m/s,风速的年际变化在 2.1～2.8 m/s,变化幅度为29.5%,风量变化较大。西北地区近 50 年的风速变化趋势总体以下降为主,其下降趋势为每10 年下降 0.1 m/s(图 5.1c),下降趋势模拟的相关系数达到 0.748,通过了 0.05 显著性水平检验。

　　从图 5.4 中可以看出,1970 年前后全区平均风速有一个非常明显的突变,这是因为 1970年前后全国性的仪器更换导致的,1970 年前后风速测量仪更换为 4 杯型或者 3 杯型风向风速计,这种风速计与以前的风速仪器有 3 m/s 左右的系统误差。因为仪器的更换造成了风速数据不连续,但 1970 年以后的数据稳定、质量较好。

1970年以后,西北地区风速出现快速下降趋势,至1990年以后风速开始平稳波动。

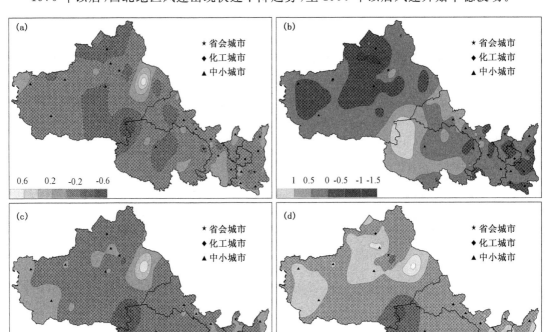

图5.4 西北地区各时期风速趋势变化分布图(a.1961—2010年风速趋势;b.1961—1978年风速趋势;
c.1979—2010年风速趋势;d.1961—1978年和1979—2010风速趋势的差值。单位:m/s)

西北地区近50年风速变化趋势的空间分布见图5.4a。由图5.4可知,西北地区仅有新疆哈密和甘肃定西等地风速增加,其余大部地方风速均为下降。1978年前除新疆西部、宁夏东南部、陕西中部和陕南南部,以及其余局部地方风速下降(图5.4b),西北其他大部区域的风速均为上升趋势。1978年后全区风速变化形势逆转(图5.4c),新疆部分地方、甘肃南部和陕西偏南地方风速有增加趋势以外,而西北地区其余大部地方风速为下降趋势。从西北地区改革开放前后风速差值分布可以看出,除新疆部分地方和西北东部部分地方风速上升外,其余地区风速下降。西北地区改革前后风速差值表明(图5.4d),省会城市和北疆工业区、甘肃陇东工业区有促进风速增加的作用,这可能是因为这些区域气温升高,城市周边土地利用情况发生大规模变化,从而导致风速增加。

5.2.4 日照动态变化

西北全区日照时数多年平均值为2734.1 h/a,年际变化浮动在2600～2900 h/a,变化幅度为10.1%,变化幅度较小。西北全区日照百分率多年平均为61.7%,变化浮动在58.5%～65%,与日照时数幅度相同,总体上,西北地区晴空日数多,光热资源非常丰富。西北地区近50年的日照变化趋势总体以缓慢下降为主,下降趋势为18 h/10a,日照变化趋势的模拟方程通过了0.05显著性水平检验(图5.1d)。

近50年,西北地区日照变化大致可以分为两个时期,第一个时期为1961—1989年,该时期日照时数快速下降,第二个时期为 1990—2010 年,该时期日照总体为平稳波动时期。日照的两段变化特征与我国城市发展的阶段变化非常类似,即 20 世纪 90 年代前期,我国城市发展为初级阶段,1996 年之后进入快速发展时期;同样,我国的经济发展在 1990 年左右出现明显的拐点,以 1990 年为界可把我国划分为明显的两个时期,即平稳的缓慢发展期和快速上升期。所以从日照的时间变化趋势可以认为,城市和经济发展对于日照有着明显的影响,城市和经济发展减缓了日照的下降趋势。

西北地区近 50 年日照变化趋势的空间分布见图 5.5a。由图 5.5a 可知,除南疆西南部、青海南部、甘肃中部和陕西中北部日照时数增加,其余地区日照下降。1978 年之前,北疆大部、南疆东南部、青海中南部、甘肃河东及陕西东部日照时数为增加趋势(图 5.5b),其余区域日照时数下降,其中省会城市和化工工业区日照基本为下降趋势。1978 年之后,新疆偏西地区、甘肃大部、宁夏南部和陕西大部日照增加(图 5.5c),其余大部地区日照减少,其中省会城市和 3 个化工区日照时数主要为增加趋势。从改革开放前后日照趋势差值分布来看(图 5.5d),北疆大部、南疆东部、青海大部,甘肃宁夏和陕西局部为负值,西北其余地区为正值,其中,各省会城市和工业区及其下风区日照为正增加。

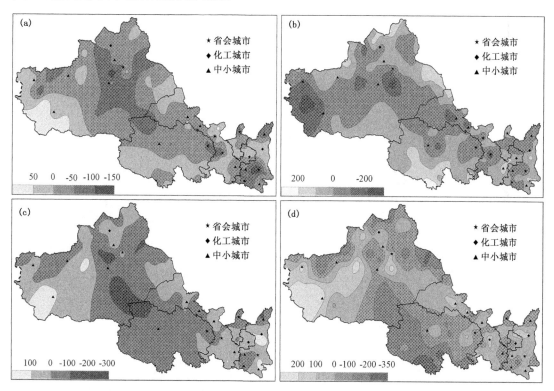

图 5.5　西北地区各时期日照时数趋势变化分布图(a.1961—2010 年日照时数趋势;b.1961—1978 年日照时数趋势;c.1979—2010 年日照时数趋势;d.1961—1978 年和 1979—2010 日照时数趋势的差值。单位:h)

改革开放前后日照趋势差值表明,大城市和化工工业区对日照有增加作用,其增加的原因相对复杂。随着城市经济发展,大城市和化工城市的降水量、降水日数均为下降趋势,目前的降水量和降水日数为近 50 年来的最小值;但大城市和化工城市的经济发展却阻止了降水量和降水日数的快速下降;目前日照时数在大城市和化工城市的增加说明,这些区域的干旱化还继续存在。郭元喜等[156]对中国东部云量与气温的研究认为:气温与云量有显著的负相关关系。本研究中,省会城市与化工城市对气温的升高具有较显著的作用,所以可以认为气温升高促进了云的消散,从而增加了这些区域的日照。

5.2.5　最小相对湿度动态变化

最小相对湿度一般出现在14—16时,是空气相对湿度的极端状态,能够在一定程度上反映区域向干旱还是向湿润趋势发展。全西北地区最小相对湿度多年平均值为4.7%,年际变化在2%～7%波动,波动幅度较大。西北地区近50年的最小相对湿度变化趋势总体以上升为主,上升趋势为0.016%/10a,近50年上升了18%左右(图5.1e)。

近50年西北地区最小相对湿度趋势的空间分布见图5.6a。由图5.6a可知,除黄河以东大部最小相对湿度为下降趋势,其余绝大部分地方为上升趋势,西北地区总体为变湿趋势。1961—1978年,除宁夏和陕西大部为干化趋势外(图5.6b),其余区域均为湿化趋势;1979—2012年干化区域明显减少(图5.6c),区域基本为湿化趋势。改革开放前后最小相对湿度趋势差表明(图5.6d),除宁夏大部、陕西大部、西北其余个别地方最小相对湿度的湿化趋势增加以外,其余大部区域湿化趋势减弱。最小相对湿度在改革开放前后的趋势差反映出,1979—2012年最小相对湿度的湿化面积增加,但湿度的增加趋势减小;改革开放前后最小相对湿度的趋势差在全区域绝大部分地方都为负值,各省会城市和化工城市的表现不尽一致,因此人为活动对最小湿度的影响趋势难以确定。

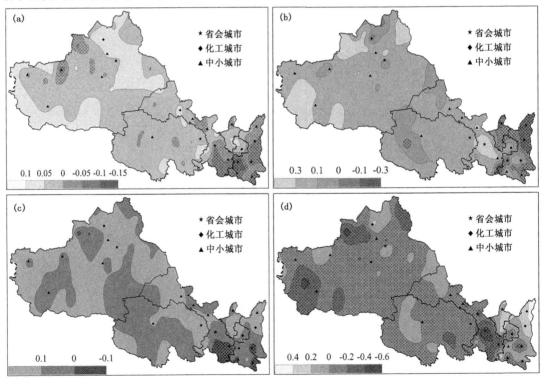

图5.6　西北地区各时期最小相对湿度趋势变化分布图(a.1961—2010年趋势;b.1961—1978年趋势;c.1979—2010年趋势;d.1961—1978年和1979—2010趋势的差值。单位:%)

5.2.6　极端气温动态变化

全西北地区极端最高气温多年平均值为 33.2 ℃,变化在 31.5～35.0 ℃。西北地区近 50 年的极端最高气温变化趋势总体以上升为主,上升趋势为 0.19 ℃/10a(图 5.1f)。极端最低气温多年平均值为－23.0 ℃,变化波动在－26.3～－21.5 ℃。50 年极端最低气温变化趋势为 0.50 ℃/10a(图 5.1g),显著高于极端最高气温趋势,也明显高于平均气温的上升趋势。

近 50 年西北地区极端最高气温变化趋势的空间分布见图 5.7a。由图 5.7a 可知,除新疆局部和陕南局部地方,西北地区绝大部分地方极端最高气温为上升趋势。而极端最高气温的增温中心几乎都不在大型城市和化工工业区。极端最低气温近 50 年变化趋势见图 5.8a,由图可知,西北全区绝大部分地方极端最低气温的增温趋势为正值,与极端最高气温一致(图5.7a),其增温中心基本上都不在大城市和化工工业区。

1961—1978 年新疆东北部、青海中部、陕西中南部等地极端最高气温为负变温趋势(图5.7b),其余大部为正变温趋势;1979—2012 年仅有新疆局地为负变温趋势(图 5.7c),其余绝大部分区域为正变温,改革开放后正变温的区域面积明显增大。改革开放前后极端最高气温趋势差反映出新疆西部、青海西部、宁夏大部、甘肃南部等地增温趋势减缓(见图 5.7d),西北地区其余地方均为加速增温,各省会城市为正变温(西宁除外),克拉玛依工业区和陕陇工业区局地气温趋势减缓。化工工业区极端最高气温减缓的原因可能为区域上空气溶胶浓度高,对太阳辐射的反射加强,造成吸收热量的能力减弱,从而降低了极端最高气温的升温趋势。

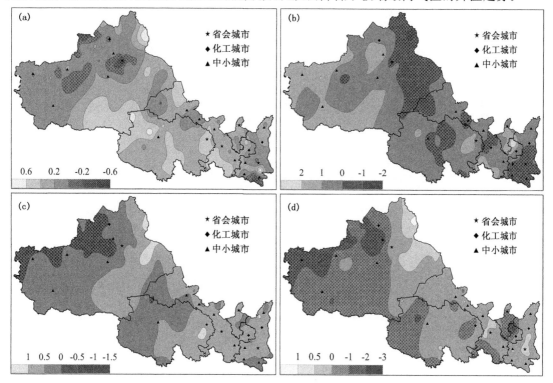

图 5.7　西北地区各时期极端最高气温趋势变化(a. 1961—2010 年趋势;b. 1961—1978 年趋势;
c. 1979—2010 年趋势;d. 1961—1978 年和 1979—2010 趋势的差值。单位:℃)

1961—1978 年新疆大部、黄河以东大部区域极端最低气温为负变温趋势(图 5.8b),其余地区为正变温趋势;1979—2012 年北疆北部、南疆西南部甘肃局部和陕西大部为负变温趋势(图 5.8c),其余大部区域为正变温趋势,改革后相比改革前正变温的区域在增加。对比改革开放前后的极端最低气温趋势变化图(图 5.8d),南疆东南部、青海中北部、西北其余局部地区极端最低气温上升趋势减缓之外,其余大部地区极端最低气温上升趋势加快,特别是各省会城市和化工工业区成为增温中心。

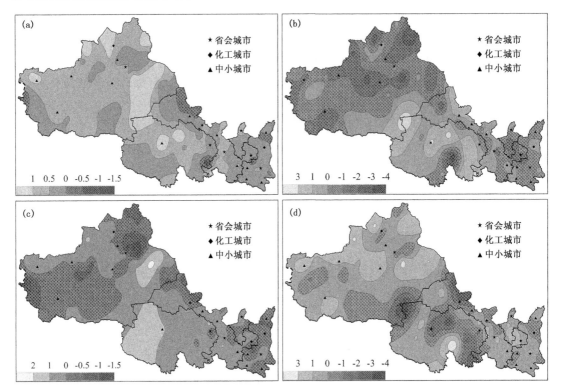

图 5.8　西北地区各时期极端最低气温趋势变化分布图(a.1961—2010 年趋势;b.1961—1978 年趋势;
c.1979—2010 年趋势;d.1961—1978 年和 1979—2010 趋势的差值。单位:℃)

5.3　小结

利用西北地区 1961—2012 年的气压、水汽压、风速、日照、最小相对湿度、极端最高气温和极端最低气温等资料,研究分析了城市发展和石油化工业对气候各要素变化的影响,得出以下结论:

(1)近 50 年西北地区气压总体为微弱的上升趋势,但省会城市气压随着城市发展呈现出减小的趋势,中小城市和其余大部分区域的气压随城市发展总体呈现出上升趋势。

(2)近 50 年西北地区水汽压表现出一定的上升趋势,水汽压在时间和空间上的分布表明其变化对人为活动不敏感,人为活动对其没有确切影响。

(3)随着城市发展,风速在省会城市和化工城市表现出一定的增加趋势,但在其余大部地区,风速的下降趋势显著。

(4)西北地区近 50 年的日照变化趋势总体以缓慢下降为主,大城市和化工工业区对日照有明显的增加作用。

(5)西北地区近 50 年的最小相对湿度变化趋势以显著上升为主,表明西北地区湿化趋势明显,人为活动对最小相对湿度的变化趋势的影响作用不明显。

(6)西北地区极端最高气温和极端最低气温呈现出明显的上升趋势,但极端气温的升温中心不在省会城市和化工城市。化工城市对极端最高气温的升温影响基本上为副作用,而对极端最低气温的影响为正作用。

第6章　人为活动与自然因素对气候变化作用的检测

6.1　人为与自然因素在气候变化影响的检测步骤

对于气候变化的驱动原因,引用了数千份文献来说明人类活动的重要作用。IPCC 第四次报告认为,气候变化有 90% 的可能是由人为作用引起的,而 2010 年 OECD 的报告估计人类对于气候变化的作用可能已经超过了 70%。

科学界从来都不缺乏争论,关于推动气候变化的成因及未来趋势仍有不少学者持不同意见。英国哈德利中心的 Jef Knight 和他的研究小组发现,全球变暖在 1999—2008 年的 10 年里发生了停顿,世界变暖了 0.07 ℃±0.07 ℃,并不是预测中的 0.20 ℃。考虑到厄尔尼诺和拉尼娜现象并进行修正后,气温变化的幅度刚好是 0 ℃。Parker[157]认为,大规模的气候变暖不是城市作用(也即不是人为作用),而根据 OECD 的研究结论 70% 的人类活动都集中在城市区域,所以 Parker 的研究暗示了气候变暖的原因可能主要是人为活动以外的自然因素所驱动。不少学者认为人类活动对于气候变暖的影响不足 20%。

如何鉴别气候变化是由经济发展等人为活动引起,还是由气候自然变率引起呢? 本节将通过以下步骤对气候变化成因进行检测。

(1)要检测以城市为主体的人为活动是否对气候变化产生了影响,首先需要检验气候变化趋势与城市经济发展等人为活动的变化趋势是否一致,其趋势相关度如何?

(2)其次,要检测气候变化是否发生了明显的突变,根据突变查找是否存在诱发其发生变化的外界环境作用力;

(3)判断城市经济发展等人为活动的变化趋势是否也存在明显突变,城市经济发展的突变点与气候变化趋势的突变点是否一致;

(4)如果推动气候变化的自然因素也发生了突变,还需要检测自然因素的变化趋势及突变情况;所以需要对影响气候指标的各大天气系统的变化趋势进行检测,判断其与气候要素的变化趋势,及两者发生突变的关系如何?

(5)对比分析人为活动和自然因素的变化趋势及其突变特征等综合因素,之后再确定主导气候变化的主要原因。

6.2　研究数据

城市发展数据:本节选取代表经济发展总体情况的工业生产总值、建筑业生产总值、第三产业生产总值(服务业)、社会固定资产投资等 4 个指标;代表生产消费方面的煤炭消耗量、水泥生产量、民用汽车拥有量、货物周转量等4个指标;以及代表人口变动的城镇人口比例指标,总共9个指标来表征西北经济和城市发展特征。城镇化水平为西北全区的平均值,其余各指标数值均为西北各省(区)的和值。城市与经济发展数据来源于西北各省(区)各年度统计年鉴。

气候要素数据:选取了反映西北地区气候总体特征的平均降水量、平均气温、降水日数、相对湿度、日照时数和平均风速等6个要素。所有数据均为西北136个气象站点数值的算术平均。数据来源于中国气象科学数据共享网。

天气系统(也称为环流形势)数据:选择了对西北气候有重要影响的副热带高压(脊点、北界、强度指数、面积指数)、东亚槽、印缅槽、西藏高原高度场(东南高度场和西北高度场)、南方涛动指数、厄尔尼诺等6个天气系统,共包括10个指标。天气系统数据与气候要素数据的年代相同,均为1961—2012年。天气系统数据来源于国家气候中心。

6.3　结果与讨论

6.3.1　西北地区城市发展趋势及特征

由于单个城市的经济数据不够系统全面,很难将所有城市的发展数据统计齐全;另外,根据OECD等组织统计,城市发展占全社会经济活动的70%~85%;因此在本研究中以西北地区总体经济的发展趋势来代替城市经济发展趋势。西北地区1961—2008年社会经济发展9个指标的年变化趋势见图6.1。

由图6.1可见,西北工业产值、建筑业产值、服务业产值(第三产业)和社会固定投资总体表现为抛物线上升趋势;在1990年前后有一个明显的拐点,1990年以前社会经济变化和增长较为平稳,1990年之后经济发展的变化呈现出非常明显的指数上升趋势。

水泥生产量、煤炭消耗量、汽车拥有量、货物周转量等以实物形式出现的物化指标也基本表现出抛物线上升趋势,同样,城镇人口比例的变化形势也呈现出抛物线上升趋势。相比而言物化指标和人口指标的变化拐点出现在1980年左右,比以货币形式指标出现的拐点提前10年左右,物化指标变化的拐点与我国实施改革开放政策的时期大致相同。2000年以后,西北地区各社会经济发展指标几乎表现为指数上涨趋势,2000—2008年的8年里,除城镇人口比例上升不足1倍以外,其余各指标的增长超过400%,平均每年增加幅度超过50%。西北地区经济社会发展最快的时期为2000年以后,2008年的社会投入和产出超过1961年的数千倍,为改革开放初期1979年的70~100倍,2000年以后积累的社会财富(不计物价上涨因素)为近50年来总量的60%还多。

6.3.2　西北地区气候变化趋势及特征

西北地区主要气候要素(平均降水量、平均气温、降水日数、相对湿度、日照时数和平均风速)年变化趋势见图6.2。由图可知,近52年,西北地区气候要素除平均气温和平均风速总体上表现为明显的上升或下降趋势外,其余要素均表现为在一定周期内的小幅震荡。

图6.2还反映出,1990—2010年的20年是一个比较明显的特殊时期,各种气候要素的变化在1990年左右出现了拐点,以1990年为界,可以把各气候要素的变化分为两个时期。平均

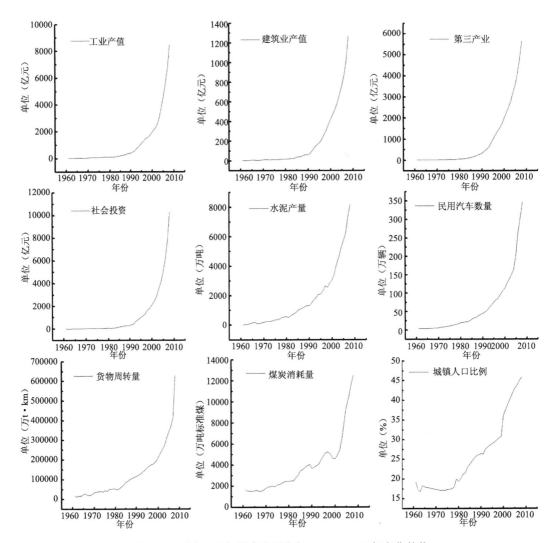

图 6.1　西北地区各社会发展指标 1961—2008 年变化趋势

气温、相对湿度、平均风速和日照时数的变化趋势与 1990 年之前的时期表现有显著的不同,其中平均气温和日照时数有较明显的增加趋势,相对湿度为明显下降趋势,而平均风速一改直线下滑趋势,转变为平稳波动趋势,降水量和降水日数的震荡幅度也似乎减小、并保持较高的平均值。

　　近 50 年的气温、相对湿度、日照和风速的阶段性变化与社会经济指标表现出一定的相关性,特别是 1990 年以后的关系较为清楚。降水量和降水日数对经济指标的响应并不明显,但在 1980 年以后降水和降水日数总体维持在较高水平。

6.3.3　天气系统的演变特征

　　天气系统(也即环流形势)是控制和驱动一个区域气候变化的主要自然因素,现代天气和气候的预报预测都是基于对天气系统的各个指标进行模拟和推演,之后根据天气系统的未来状态开展降水、气温和风速等的预报。本部分将对影响我国西北地区的主要天气系统进行分析。

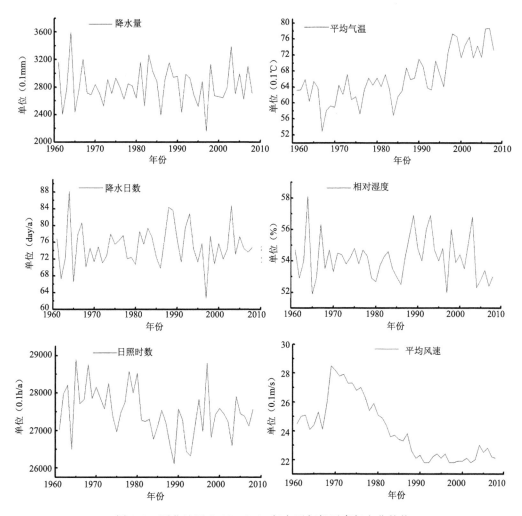

图 6.2　西北地区 1961—2010 年主要气候要素年变化趋势

　　天气系统各指标逐年变化趋势图见图 6.3。由图 6.3 可见,副热带高压(简称副高)的面积指数和强度指数在 1975 年以后表现为较清晰的上升趋势,特别是在 1980 年以后上升趋势更为显著;副高西脊点在 1980 年以后则表现为明显的西进趋势,副高北界也在 1980 年之后,更加稳定的盘踞在偏北位置。

　　东亚槽强度指数表明,1985 年之前东亚槽处于较稳定的振荡,其振荡围绕在平均值 160 的附近均匀波动,而 1990 年以后,东亚槽强度变化出现拐点,此后其强度出现稳定上升趋势。

　　印缅槽强度在 1971 年之前为明显的持续下降趋势,1972 年后转变为稳定上升,1995 年以后在高值区振荡。

　　西藏高原高度场的东南区和西北地区变化趋势基本相同。1983 年之前为周期性的渐进下降趋势,经过 1983 年拐点之后,表现出稳定上升趋势。

　　南方涛动指数在 1990 年之前表现为周期性渐进下降趋势,之后则呈现为渐进上升趋势,特别是 2000 年之后上升趋势强烈。

　　厄尔尼诺趋势变化不明显(表 6.1),但总体呈下降趋势。

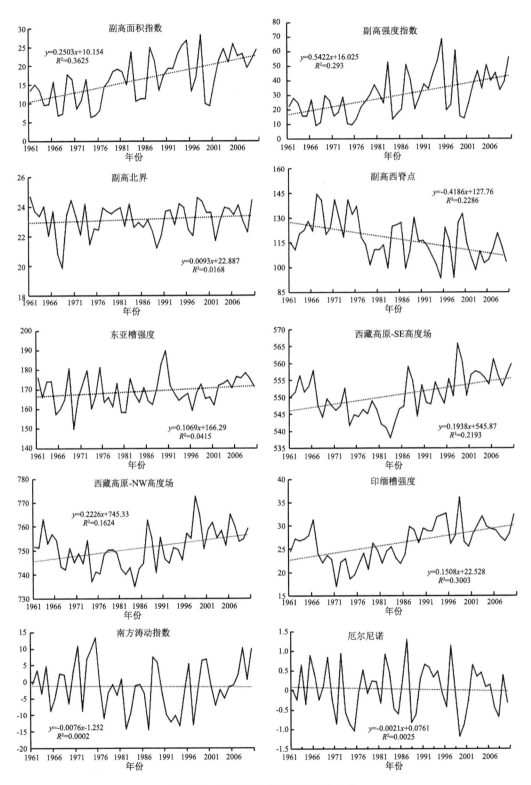

图 6.3　主要天气系统逐年变化趋势

表 6.1 厄尔尼诺－拉尼娜逐年数据(西太平洋海温指数)

年份	DJF 12—2月	JFM 1—3月	FMA 2—4月	MAM 3—5月	AMJ 4—6月	MJJ 5—7月	JJA 6—8月	JAS 7—9月	ASO 8—10月	SON 9—11月	OND 10—12月	NDJ 11—1月
1961	0.0	0.0	0.0	0.1	0.3	0.4	0.2	−0.1	−0.3	−0.3	−0.2	−0.1
1962	−0.2	−0.3	−0.3	−0.3	−0.2	−0.2	0.0	−0.1	−0.2	−0.3	−0.4	−0.5
1963	−0.4	−0.2	0.1	0.3	0.3	0.5	0.8	1.1	1.2	1.3	1.4	1.3
1964	1.1	0.6	0.1	−0.4	−0.6	−0.6	−0.6	−0.7	−0.8	−0.8	−0.8	−0.8
1965	−0.6	−0.3	0.0	0.2	0.5	0.8	1.2	1.5	1.7	1.9	1.9	1.7
1966	1.4	1.1	0.9	0.6	0.4	0.3	0.3	0.1	0.0	−0.1	−0.1	−0.2
1967	−0.3	−0.4	−0.5	−0.4	−0.2	0.1	0.1	−0.1	−0.3	−0.3	−0.3	−0.4
1968	−0.6	−0.8	−0.7	−0.5	−0.2	0.1	0.4	0.5	0.5	0.6	0.8	1.0
1969	1.1	1.1	1.0	0.9	0.8	0.6	0.5	0.5	0.8	0.9	0.9	0.8
1970	0.6	0.4	0.4	0.3	0.1	−0.2	−0.5	−0.7	−0.7	−0.7	−0.8	−1.0
1971	−1.2	−1.3	−1.1	−0.8	−0.7	−0.7	−0.7	−0.7	−0.7	−0.8	−0.9	−0.8
1972	−0.6	−0.3	0.1	0.4	0.6	0.8	1.1	1.4	1.6	1.9	2.1	2.1
1973	1.8	1.2	0.6	−0.1	−0.5	−0.8	−1.0	−1.2	−1.3	−1.6	−1.9	−2.0
1974	−1.9	−1.6	−1.2	−1.0	−0.8	−0.7	−0.5	−0.4	−0.4	−0.6	−0.8	−0.7
1975	−0.5	−0.5	−0.6	−0.7	−0.8	−1.0	−1.1	−1.2	−1.4	−1.5	−1.6	−1.7
1976	−1.5	−1.1	−0.7	−0.5	−0.3	−0.1	0.2	0.4	0.6	0.7	0.8	0.8
1977	0.6	0.6	0.3	0.3	0.3	0.4	0.4	0.4	0.5	0.7	0.8	0.8
1978	0.7	0.5	0.1	−0.2	−0.3	−0.3	−0.3	−0.4	−0.4	−0.3	−0.1	−0.1
1979	−0.1	0.1	0.2	0.3	0.2	0.0	0.0	0.2	0.3	0.5	0.5	0.6
1980	0.5	0.4	0.3	0.3	0.4	0.4	0.3	0.1	−0.1	0.0	0.0	−0.1
1981	−0.4	−0.6	−0.5	−0.4	−0.3	−0.3	−0.4	−0.4	−0.3	−0.2	−0.2	−0.1
1982	−0.1	0.0	0.1	0.3	0.5	0.7	0.7	1.0	1.5	1.9	2.1	2.2
1983	2.2	1.9	1.5	1.2	0.9	0.6	0.2	−0.2	−0.5	−0.8	−0.9	−0.8
1984	−0.5	−0.3	−0.3	−0.4	−0.5	−0.5	−0.3	−0.2	−0.3	−0.6	−0.9	−1.1
1985	−1.0	−0.9	−0.7	−0.7	−0.7	−0.6	−0.5	−0.5	−0.5	−0.4	−0.4	−0.4
1986	−0.5	−0.4	−0.2	−0.2	−0.1	0.0	0.3	0.5	0.7	0.9	1.1	1.2
1987	1.2	1.3	1.2	1.1	1.0	1.2	1.4	1.6	1.6	1.5	1.3	1.1
1988	0.8	0.5	0.1	−0.2	−0.8	−1.2	−1.3	−1.2	−1.3	−1.6	−1.9	−1.9
1989	−1.7	−1.5	−1.1	−0.8	−0.6	−0.4	−0.3	−0.3	−0.3	−0.3	−0.2	−0.1
1990	0.1	0.2	0.3	0.3	0.2	0.2	0.3	0.3	0.4	0.3	0.4	0.4

年份	DJF 12—2月	JFM 1—3月	FMA 2—4月	MAM 3—5月	AMJ 4—6月	MJJ 5—7月	JJA 6—8月	JAS 7—9月	ASO 8—10月	SON 9—11月	OND 10—12月	NDJ 11—1月
1991	0.3	0.2	0.2	0.3	0.5	0.7	0.8	0.7	0.7	0.8	1.2	1.4
1992	1.6	1.5	1.4	1.2	1.0	0.7	0.3	0.0	−0.2	−0.3	−0.2	0.0
1993	0.2	0.3	0.5	0.6	0.6	0.5	0.3	0.2	0.2	0.0	0.1	0.1
1994	0.1	0.1	0.2	0.3	0.4	0.4	0.4	0.4	0.5	0.7	1.0	1.2
1995	1.0	0.8	0.6	0.3	0.2	0.0	−0.2	−0.4	−0.7	−0.8	−0.9	−0.9
1996	−0.9	−0.8	−0.6	−0.4	−0.3	−0.2	0.0	−0.1	−0.3	−0.3	−0.4	−0.5
1997	−0.5	−0.4	−0.1	0.2	0.7	1.2	1.5	1.8	2.1	2.3	2.4	2.3
1998	2.2	1.8	1.4	0.9	0.4	−0.2	−0.7	−1.0	−1.2	−1.3	−1.4	−1.5
1999	−1.5	−1.3	−1.0	−0.9	−0.9	−1.0	−1.0	−1.1	−1.1	−1.3	−1.5	−1.7
2000	−1.7	−1.5	−1.2	−0.9	−0.8	−0.7	−0.6	−0.5	−0.6	−0.6	−0.8	−0.8
2001	−0.7	−0.6	−0.5	−0.4	−0.2	−0.1	0.0	0.0	−0.1	−0.2	−0.3	−0.3
2002	−0.2	0.0	0.1	0.2	0.4	0.7	0.8	0.9	1.0	1.2	1.3	1.1
2003	1.1	0.8	0.4	0.0	−0.2	−0.1	0.2	0.4	0.4	0.4	0.4	0.3
2004	0.3	0.2	0.1	0.1	0.2	0.3	0.5	0.7	0.8	0.7	0.7	0.7
2005	0.6	0.4	0.3	0.3	0.3	0.3	0.2	0.1	0.0	−0.2	−0.5	−0.8
2006	−0.9	−0.7	−0.5	−0.3	0.0	0.1	0.2	0.3	0.5	0.8	1.0	1.0
2007	0.7	0.3	−0.1	−0.2	−0.3	−0.3	−0.4	−0.6	−0.8	−1.1	−1.2	−1.4
2008	−1.5	−1.5	−1.2	−0.9	−0.7	−0.5	−0.3	−0.2	−0.1	−0.2	−0.5	−0.8
2009	−0.8	−0.7	−0.5	−0.2	0.2	0.4	0.5	0.6	0.8	1.1	1.4	1.6

天气系统近50年逐月演变趋势(图6.4)则更为复杂,除副高强度指数和印缅槽强度指数表现为明显的上升趋势,副高西脊点为明显西进趋势外,其余天气系统指标的变化趋势不明显,这表明天气系统在年内各月的调整更为复杂。

6.3.4　气候要素的时序变化检测

为了显示西北气候变化突变的特征,利用滑动 t 检验、Yamamoto 检验、Mann-Kendal (M-K)检验、Pettitt 法以及小波分析等 5 种方法对西北地区降水量、降水日数、降水强度、最大日降水量、平均气温、最高气温、最低气温、极端最高气温、极端最低气温、水汽压、最小相对湿度、日照时数等 12 种指标的年变化趋势进行了检测,结果见表 6.2,图 6.5 和图 6.6。

由表 6.2 可见,不同方法检出的突变点数量不相同,不同检测方法检出的气候要素突变时间也不同。在 5 个突变检测的方法中,Pettitt 法对突变的检测能力最弱,仅对降水量和降水日数各检出 1 个突变点,而对其他气候要素都未检出突变点;Mann-Kendal 方法对 4 个气候要素检出了突变点,并对每种气候要素仅检出 1 个突变点,对每个气候要素的突变年能够直接检出,表明其检测比较精准;Yamamoto 检验和滑动 t 检验

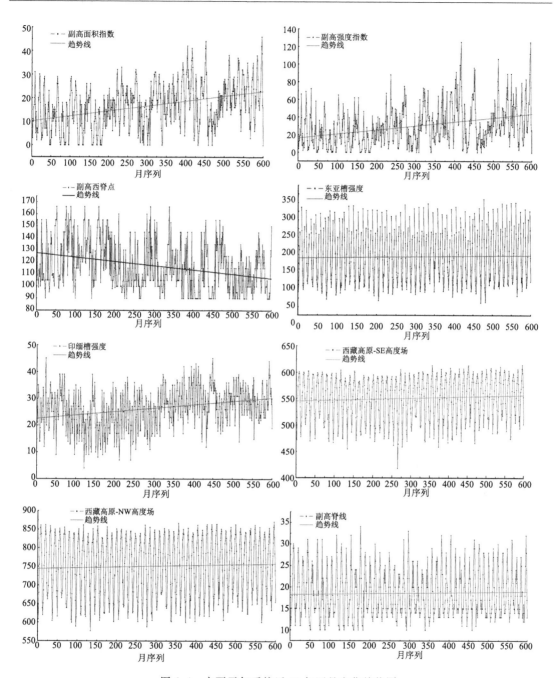

图 6.4 主要天气系统近 52 年逐月变化趋势图

两个方法似乎具有互补作用,Yamamoto 检验如果未检出突变,滑动 t 检验则基本上能够检出突变。

小波分析实质上是一个周期分析工具,它主要通过调整波的参数来分析数据序列中可能的周期特征,本研究利用小波分析的这个特点对气候要素进行周期分析时发现,西北各气候要素在近 50 年基本上都存在 3~5 个变化周期,也就是说每个数据序列存在 2~4 个断点,即突变点。

各突变检测结果表明,有关气温要素的突变点最多(平均气温、最高气温、最低气温、极端最高气温等),平均在 3 个以上;有关降水要素的突变点最少,平均为 1 个;水汽压、最小相对湿度和日照时数也存在 3 个左右的突变点。突变点越多,说明数据序列的周期性变化越强,其变化周期越多,波峰波谷越明显;突变点越少,说明其没有或者周期变化不显著,没有明显的峰谷特征。

表 6.2　西北各气候要素突变点的出现时间

	Yamamoto 检验	滑动 t 检验	M-K 检验	Pettitt 法	小波分析
平均气温	1987,1997,1998				1977,1997
最高气温	1978,1997	1978,1997			1979,1997
最低气温		1968,1971,1984,1987,1998			1979,1997
极端最高气温	1978,1994—1996				1981,1994,2002
极端最低气温	1978			1981	1979,2003
降水量				1993	1979,1992,2002
降水日数		1981		1993	1980,1993,2005
降水强度			1994		1967,1996
最大日降水量		1987			1967,1981,1997
水汽压		1987,1988,2004	1987		1987,2005
最小相对湿度					1978,2001
日照时数		1981,1982	1976		1982,1997

对于同一气候要素,不同检测方法检出的突变点时期并不完全一致,例如,Yamamoto 法检出极端最低气温的突变在 1978 年,而 Mann-Kendal 法检出的突变在 1981 年,滑动 t 检验法检出日照时数在 1982—1983 年有突变,而 Mann-Kendal 法检出的突变在 1976 年。小波分析分析出的突变时间一般都与其他方法检出的突变时间相同或相近,小波分析法的结果对于其他方法来说是一个较好的验证。

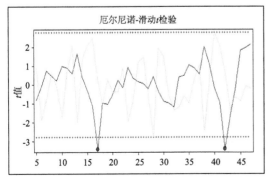
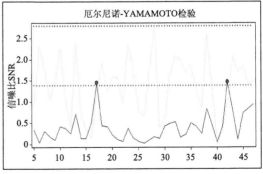

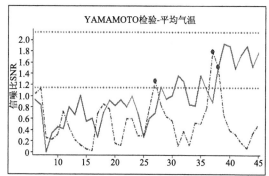

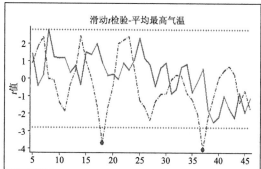

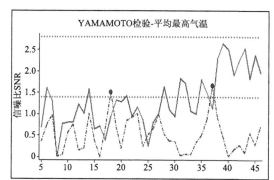

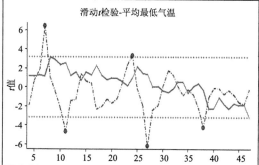

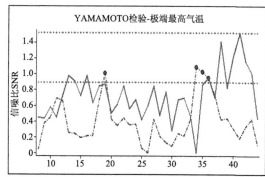

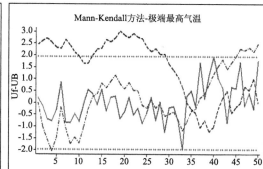

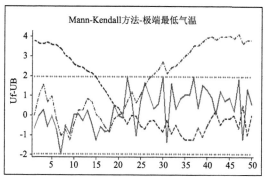

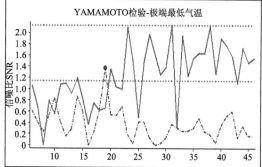

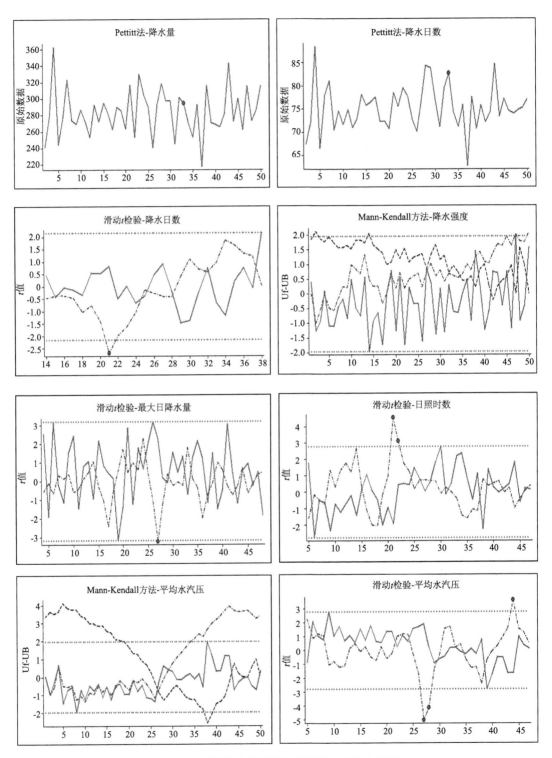

图 6.5　不同方法检测的气候指标突变发生时间

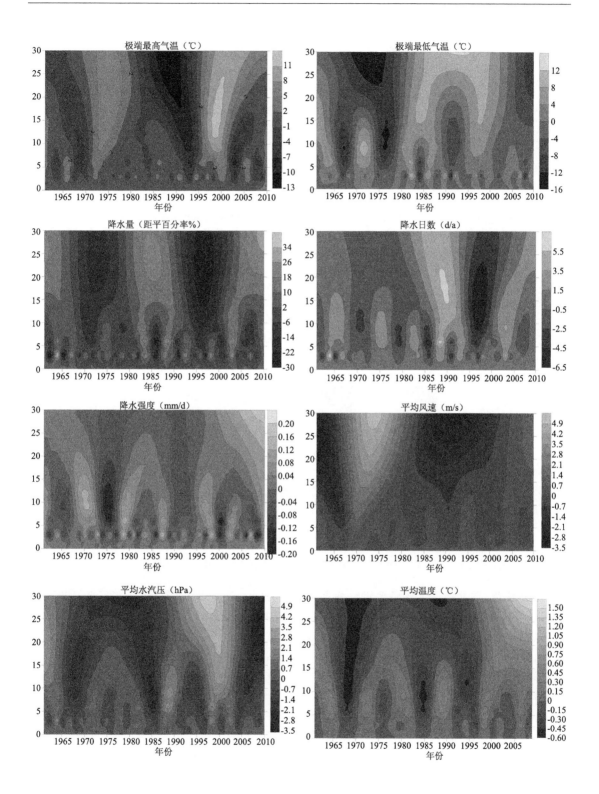

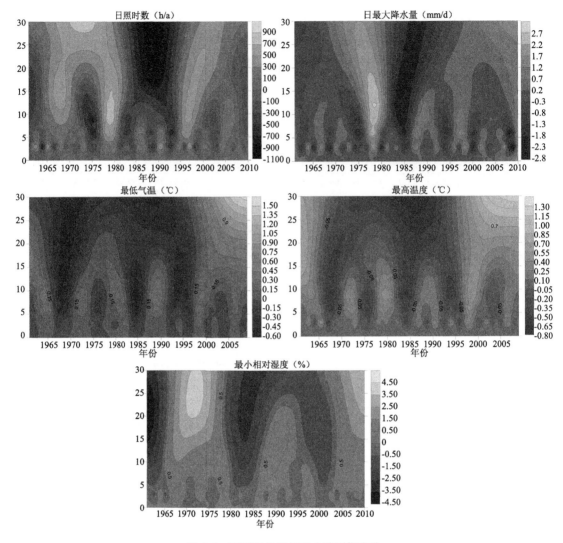

图 6.6　不同气候指标的小波周期变化

　　总体说来,西北地区气候各要素突变点出现的时间主要分布在 1978 年、1987 年、1997 年、2005 年等几个时期;其中 1978 年和 1987 年两个突变点与西北及全国的社会经济转折点和城市发展转折点接近。同时,天气系统也在 20 世纪 70 年代末至 80 年代初有一个重要转折,另外在 1995 年后也出现转折点,气候要素的突变点与推动气候自然变化的天气系统,以及人为活动的社会经济指标的突变点出现了部分重合,这种复杂形势的出现,对于分析气候变化原因造成了一定的影响。

6.3.5　自然因素、人为因素与气候变化的关系

　　为了更加深入分析自然因素和人为因素对于气候变化的影响程度,孰轻孰重,利用各天气系统指标多年数据与气候各要素的多年数据进行了相关分析,同时利用城市发展指标多年数据与气候要素多年数据进行相关分析,结果见表 6.3 和表 6.4。

　　由表 6.3 可知,天气系统与平均气温和平均风速的相关最为密切,除东亚槽和南方涛动指

数以外,其余 8 个指标与气候各要素的相关均到达了极显著性水平。在相关关系表中还可以发现,相对湿度与各天气系统之间的关系最不明显,其次为降水日数、日照时数和降水量。各天气系统中与气候要素关系最显著的是印缅槽强度,分列 2、3 名的是副高面积指数和副高强度指数;与西北气候要素关系较差的是东亚槽强度和南方涛动指数。印缅槽、副热带高压两个天气系统所处的位置距离西北地区较近,西藏高原高度场更是临近西北地区,这 3 个天气系统对西北地区气候要素产生了非常重要的影响,从其对西北地区平均气温、平均风速和降水的相关性可见一斑。

表 6.4 表明,城市镇化水平(即城市人口比例)与西北各气候要素的关系最为密切,除相对湿度以外,城市镇化水平与其他各要素的相关度都为经济发展因子中最高。水泥产量和煤炭消耗 2 个指标与气候要素的关系分列为第 2、3 名,其余各经济发展指标与气候要素的关系程度不易排序。总体而言,经济发展因子与平均气温相关度最高,其次为平均风速、相对湿度、日照时数,与降水量和降水日数的相关度最差。

对比表 6.3 和表 6.4 两个相关系数表可以发现,气候要素与天气系统的相关性和社会经济指标的相关系数几乎不相上下,数值均比较接近,特别是对每个气候要素影响最大的系数数值也非常接近;同时,降水量和降水日数和日照时数等 3 个要素与气候系统和社会经济指标的关系也都比较低。但相比而言,天气系统与气候要素的相关度要略高于社会经济与气候要素的相关度,特别是从日照时数、降水量和降水日数的相关度比较可以明显看出来。

表 6.3　气候要素与天气系统的相关系数表

	副高面积指数	副高强度指数	副高北界	副高西脊点	东亚槽强度	西藏高原-SE	西藏高原-NW	印缅槽强度	南方涛动指数
降水量	0.14	0.14	0.14	−0.15	0.14	0.06	0.02	0.07	0.26
平均气温	0.58**	0.50**	0.33*	−0.54**	0.24	0.67**	0.74**	0.58**	−0.11
降水日数	0.11	0.12	−0.01	−0.07	0.15	0	−0.11	0.14	0.17
相对湿度	0.03	0.06	−0.1	−0.02	0.19	0.03	−0.03	0.16	0.07
日照时数	−0.21	−0.21	−0.08	0.2	−0.25	−0.11	0.05	−0.28	−0.07
平均风速	−0.48**	−0.44**	−0.05	0.45**	−0.2	−0.44**	−0.39**	−0.71**	0.19

注:下划线标出的是相关度最高的数值;** 表示通过 0.01 显著性水平检验;* 表示通过 0.05 显著性水平检验。

表 6.4　气候要素与经济发展因子的相关系数表

	第二产业	建筑业	第三产业	社会投资	水泥产量	汽车数量	货物周转量	煤炭消耗	城镇化水平
降水量	0.01	0.01	0.01	0.02	0.01	0.01	−0.02	0.01	0.03
平均风速	−0.48**	−0.52**	−0.54**	−0.45**	−0.61**	−0.57**	−0.61**	−0.61**	−0.74**
平均气温	0.69**	0.73**	0.74**	0.67**	0.77**	0.75**	0.74**	0.73**	0.79**
相对湿度	−0.23	−0.2	−0.2	−0.23	−0.17	−0.19	−0.17	−0.2	−0.09
降水日数	−0.02	−0.01	−0.02	−0.01	0.01	−0.01	0	0.01	0.05
日照时数	−0.11	−0.12	−0.12	−0.1	−0.19	−0.17	−0.19	−0.21	−0.28

注:下划线标出的是相关度最高的数值;** 表示通过 0.01 显著性水平检验。

6.4　结论

通过对经济发展的人为因素、天气系统的自然因素、气候要素的变化趋势进行对比分析；对其突变时间进行了检测；综合比较了人为因素与气候要素的关系和自然因素与气候要素的关系，得出以下结论：

（1）西北地区城市经济发展总体上为抛物线型上升趋势，以经济产值和社会投资形式出现的货币指标在 1990 年左右出现拐点，而以煤炭消耗、水泥产量、汽车数量、货物周转形式出现的物化指标在 1980 年左右出现拐点。经济发展的各指标与我国西北地区城市发展阶段相吻合。

（2）西北地区平均降水量、平均气温、降水日数、相对湿度、日照时数和平均风速等 6 个主要气候要素变化趋势的阶段性变化特征较为明显，在 1990 年前后出现比较明显的转折点，该转折点与城市发展拐点相接近。

（3）副热带高压等 6 个天气系统的变化趋势不尽相同，虽然都有转折点出现，但各天气系统转折时间相差较大。与西北地区气候关系密切的副高和西藏高原高度场的转折点出现在 1980 年左右，印缅槽转折点在 1970 年和 1990 年左右各有一个转折点。

（4）突变检测发现，西北各气候要素趋势变化的突变点主要出现在 1978 年和 1987 年两个节点，这两个节点与城市经济发展的拐点、天气系统的转折点都比较接近。

（5）西北地区人为因子与自然因子和气候要素之间都有一定的相关性，比较而言，自然因子与气候要素的相关度略高一些，但相差不是非常显著。

综上所述，驱动西北地区气候变化的主导因素中，自然因素的作用略高一些，但人为因子的作用不可忽略。

第 7 章　经济发展对城市气候影响的模拟

7.1　数据与方法

7.1.1　数据

收集整理了西北地区年代记录较长的工业生产总值、建筑业生产总值、第三产业生产总值（服务业）、社会固定资产投资、民用汽车拥有量、煤炭消耗量、水泥生产量、货物周转量和城镇人口比例等 9 个指标，截取了 1961—2008 年的逐年数据（收集的 2009 年以后的发展数据不够全面和系统，因此仅选取 1961—2008 年数据）进行研究。各指标数值为各城市汇总之和，城镇化水平为西北地区平均值。数据来源于西北各省（区）年度统计年鉴。

7.1.2　研究方法

根据前几章节的研究分析，西北地区仅有省会城市（或特大城市）对气候各要素的变化趋势有比较显著和稳定的影响，化工城市仅对降水和日照等个别要素作用明显，西北地区其余中小城市对气候变化的影响作用微弱，并且其趋向性不稳定。因此，本章主要对西北各省会城市进行分析，研究省会城市经济发展对于城市气候的影响，并以经济发展指标建立与气候要素的关系模型，通过数学模型的各参数分析其对气候的个别影响。

数学建模采用基于主成分分析的多元逐步回归法，通过对方程中引入的自变量进行逐步判断比较，不断增加能够提高方程拟合度的自变量，同时剔除降低方程拟合度的变量，经过比较筛选，最终使方程拟合程度达到最高，保证方程的最高拟合水平。

7.2　结果与讨论

7.2.1　经济发展与气候要素的关系

表 7.1 为西北省会城市气候要素与经济指标之间的相关系数表。从表 7.1 中可以看出：与降水量、平均气温、风速和日照时数等相关性最高的发展指标是城镇化水平，即城市人口数量，说明城市人口数量增加以及其带来的各种消耗增加对气候的影响最大。相对湿度则与水泥生产量和煤炭消耗量有很好的负相关性，水泥生产是高耗能行业之一，同时水泥又是城镇建设和社会基础设施建设的主要材料，用量极大；相对湿度与能源消耗和城市基础设施建设关系密切的原因为：城市能源消耗剧增造成城市热量增加，加剧了温度升高，同时城市降水通过管道入渗排放到地下，不再参与大气交换，导致水汽的正常循环被切断，最终导致空气相对湿度

的显著下降。降水日数与货物周转量相关最高,虽然其相关性没有通过显著性水平检验,但还是能从一定程度反映降水日数对于汽车尾气的排放较为敏感;与降水日数关系次之的是汽车数量,也证明汽车尾气是影响西北地区城市降水日数的主要原因。

表 7.1　省会城市气候因子与经济发展因子相关系数表

y	工业 X_1	建筑业 X_2	服务业 X_3	社会投资 X_4	水泥产量 X_5	汽车数量 X_6	货物周转量 X_7	煤炭消耗 X_8	城镇化水平 X_9
降水量	0.1	0.11	0.11	0.1	0.12	0.12	0.09	0.12	<u>0.15</u>
平均风速	−0.33*	−0.36*	−0.36*	−0.33*	−0.43**	−0.40**	−0.43**	−0.44**	<u>−0.52**</u>
平均气温	0.69**	0.73**	0.75**	0.67**	0.76**	0.74**	0.73**	0.73**	<u>0.78**</u>
相对湿度	−0.67**	−0.67**	−0.68**	−0.66**	<u>−0.69**</u>	−0.68**	−0.68**	−0.69**	−0.64**
降水日数	−0.05	−0.05	−0.06	−0.04	−0.05	−0.06	<u>−0.07</u>	−0.04	−0.02
日照时数	−0.31*	−0.35*	−0.36*	−0.28*	−0.47**	−0.41**	−0.46**	−0.48**	<u>−0.59**</u>

注:下划线标出的是相关度最高的数值,** 表示通过 0.01 显著性水平检验,* 表示通过 0.05 显著性水平检验。

7.2.2　1961—2008 年全时期的模拟

多元逐步回归拟合系数表明,西北地区气候要素变化能够应用经济发展数据较好地进行模拟,说明经济发展对于气候要素具有较明显的影响作用,各要素的模拟方程见表 7.2 和表 7.3。

由表 7.2 和表 7.3 可以发现,逐步回归对于西北地区降水量和降水日数的模拟效果相对较差,虽然方程已经引入了 5～7 个经济指标,其复相关系数不到 0.47,决定系数更是不足 0.22;而对平均气温、日照时数、平均风速和相对湿度的模拟效果非常好,复相关系数均超过了 0.7,方程模拟决定系数也达到 0.5 以上;逐步回归最好的气候要素为日照时数和平均气温,相关系数超过 0.83,其中对日照的模拟仅仅引入了 3 个经济指标。

在所有逐步模拟方程中,被引用最多的指标为汽车数量、服务业产值、社会固定资产投资和城镇化水平,均为引入 5 次;这些指标被多次引入方程说明社会投资以及城市功能全面发展(即服务业的快速发展)对于气候的影响至关重要。工业产值、建筑业产值、水泥产量、煤炭消耗量和货物周转量在方程中引入次数较少,说明第三产业等服务型生产活动与生产性活动的融合度非常高,建设性生产型活动的作用基本被包含在服务型活动中了。

表 7.2　省会城市气候要素与经济指标的逐步回归方程(1961—2008 年)

要素	模拟方程	复相关系数	决定系数
降水量	$Y=2431.4-5.1X_1+1.4X_3+2.89X_4-1.12X_5+31.7X_6$ $-0.00557X_7+0.66X_8$	0.458	0.21
平均风速	$Y=21.87+0.0065X_1+0.0028X_3-0.0044X_4-0.064X_6-0.19X_9$	0.733	0.538
平均气温	$Y=93.8-0.006X_1+0.0086X_3-0.0048X_4+0.22X_6-0.435X_9$	0.829	0.687
相对湿度	$Y=55.1-0.0133X_2+0.0023X_4-0.0016X_5-0.0000076X_7$ $-0.00073X_8+0.395X_9$	0.719	0.517
降水日数	$Y=42.8-0.018X_3+0.0167X_4-0.18X_6-0.00013X_7+2.32X_9$	0.468	0.219
日照时数	$Y=33165.2+4.134X_3-42.14X_6-361.8X_9$	0.849	0.721

注:模型中的自变量 X_i 与表 7.1 中的 X_i 相同。

7.2.3　1980 年以后各年代际的模拟

各时期经济指标对于城市气候趋势的模拟见表 7.3。从表 7.3 中可以看出,在 20 世纪 80 年代、90 年代和 21 世纪前 8 年,经济指标对气候要素的模拟效果都非常好,复相关系数均超过 0.78,模拟方程的决定系数都超过 0.62 以上,这表明改革开放以后的 30 多年中,经济发展对气候的影响作用越发明显。总体来说,平均气温和日照时数容易模拟,方程需引入的指标较少;降水量和降水日数较难模拟,需要引入较多的经济发展指标。经济发展之后风速的模拟变得更难,表明城市发展使风速变化趋势变得更加复杂。

表 7.3　省会城市气候要素与经济指标的逐步回归方程(20 世纪 80 年代、90 年代,21 世纪初)

时期	要素	模拟方程	复相关系数	决定系数
1981—1990 年	降水量	$Y=33388.6+50.68X_3+20.44X_4-934.8X_6$ $+0.16X_7+2.12X_8-1409.6X_9$	0.953	0.907
1991—2000 年		$Y=7511.4+8.99X_1-8.18X_4-1.973X_5$ $+383.35X_6-0.29X_7+511.56X_9$	0.884	0.782
2001—2010 年		$Y=-17448.8-2.40X_1-43.57X_2-3.9X_3$ $+7.47X_4-0.009X_7+1025.6X_9$	0.999	0.999
1981—1990 年	平均风速	$Y=18.71-0.023X_4+0.011X_5-0.003X_8$	0.813	0.662
1991—2000 年		$Y=2.14+0.024X_1-0.26X_2+0.0036X_3+0.012X_5$ $+1.02X_6-0.0005X_7-0.0072X_8+1.61X_9$	0.999	0.999
2001—2010 年		$Y=50.26+0.139X_2+0.0024X_3-0.011X_4$ $-0.001*X5-0.000034X_7-1.731X_9$	0.999	0.999
1981—1990 年	平均气温	$Y=145.47-0.23X_1+4.38X_6-5.73X_9$	0.885	0.783
1991—2000 年		$Y=234.15+0.0192X_3+0.065X_4-1.68X_6$ $-3.39X_9$	0.788	0.62
2001—2010 年		$Y=90.34-0.0049X_4+0.17X_6$	0.78	0.608
1981—1990 年	相对湿度	$Y=74.99+0.146X_1-1.98X_6+0.00013X_7$	0.91	0.827
1991—2000 年		$Y=36.94-0.012X_3+0.9X_6-0.00067X_7$ $+0.00362X_8+1.92X_9$	0.888	0.789
2001—2010 年		$Y=-36.7+0.027X_6-0.0043X_8+2.9X_9$	0.957	0.916
1981—1990 年	降水日数	$Y=97.84+0.3X_1+0.39X_3-0.036X_4-0.04X_5$ $-9.85X_6+0.0007X_7+0.019X_8+3.2X_9$	0.999	0.997
1991—2000 年		$Y=-49.8+1.46X_2-0.123X_3-0.087X_4-0.08X_5$ $-0.0015X_7+0.06X_8+6.2X_9$	0.837	0.701
2001—2010 年		$Y=90.3+0.48X_2-0.046X_3-0.31X_6$ $-0.00035X_7-0.0031X_8$	0.806	0.649
1981—1990 年	日照时数	$Y=31882.7+0.1X_7-4.99X_8$	0.81	0.656
1991—2000 年		$Y=64445.5+38.54X_1-130.3X_2-7.97X_8$ $-718.17X_9$	0.798	0.636
2001—2010 年		$Y=6063.6+11.9X_3-6.44X_4+26.62X_6$ $+0.033X_7-0.93X_8$	0.997	0.993

注:模型中的自变量 X_i 与表 7.1 中的 X_i 相同。

7.2.4　经济发展指标在模型中的变化

　　各经济指标在不同时期方程中的引用次数见表 7.4。从表 7.4 可以发现,服务业产值、社会投资、汽车数量、货物周转量、煤炭消耗和城镇化水平在方程中出现的次数较多,说明其对气候的影响作用较大。从各指标的年代际变化可以看出,工业产值和煤炭消耗量对气候的影响从 20 世纪 80 年代至 21 世纪初有减少趋势,而建筑业产值、服务业产值、社会投资对气候的影响作用逐渐加强。

　　通过分析各时期模型中经济指标的变化可以发现,社会经济指标对于气候的影响事实上也反映了我国经济发展的时代特点。西北地区和中国其他区域一样,经济发展具有明显的年代际特征,20 世纪 80—90 年代,工业最初得到优先发展,煤炭消耗也随之增加,90 年代以后全国性的工业和企业改制,促使工业发展的比重快速下降;90 年代以后随着社会基础设施的全面改善和服务业的兴起,建筑业产值、第三产业、社会投资和城镇人口迅速增加;随后民用汽车拥有量,以及全社会货物周转量急速上升。

表 7.4　各经济指标在不同时期模拟方程中的引用次数

	工业 X_1	建筑业 X_2	服务业 X_3	社会投资 X_4	水泥产量 X_5	汽车数量 X_6	货物周转量 X_7	煤炭消耗 X_8	城镇化水平 X_9
1981—1990 年	3	0	2	3	2	4	4	4	3
1991—2000 年	3	2	4	3	3	4	4	4	6
2001—2010 年	1	3	4	4	1	4	4	4	3

7.2.5　影响各气候要素的主要经济指标

　　根据对经济发展指标进行标准化以后,与气候要素重新建立回归模型,模型中各指标的系数大小直接反映了其对气候要素的影响程度,表 7.5 为对气候要素影响作用最重要的前 3 位经济指标(标准化后的模拟方程略)。

　　表 7.5 表明,社会投资(全社会固定资产投资)对气候要素的影响最重要,其次为汽车数量、城镇化水平、工业产值、服务业产值、水泥产量等。

表 7.5　对气候要素影响作用最重要的前 3 位经济指标

	降水量	气温	日照	相对湿度	降水日数	平均风速
第 1 位	X_4	X_6	X_3	X_4	X_4	X_1
第 2 位	X_6	X_1	X_6	X_5	X_3	X_4
第 3 位	X_5	X_3	X_9	X_9	X_9	X_6

7.2.6　不同经济水平情境下城市气候的可能变化

　　利用已经建立的多元回归模型,假设经济指标总体下降(或上升)一定幅度,或者单个指标(其他指标保持目前水平不变)下降(或上升)一定幅度情境,计算了省会城市气候各要素的可能变化趋势,结果见表 7.6。

表 7.6　不同经济水平情境下城市气候的变化量(单位:%)

	降水量	平均风速	平均气温	相对湿度	降水日数	日照时数
各经济指标下降5%	1.3	−0.2	−0.3	0.3	−2.9	0.7
各经济指标下降10%	3.9	−0.5	−0.8	0.9	−8.5	1.9
各经济指标上升5%	−1.3	0.2	0.3	−0.3	2.9	−0.7
各经济指标上升10%	−2.7	0.3	0.5	−0.6	5.9	−1.3
社会投资量下降5%	−21.0	15.0	3.4	−3.1	−16.9	
社会投资量下降10%	−42.9	43.6	9.8	−9.1	−48.9	
社会投资量上升5%	25.1	−15.1	−3.4	3.2	16.9	
社会投资量上升10%	50.1	−30.2	−6.8	6.3	33.8	
汽车保有量下降5%	−19.3	7.7	−2.5	−3.0		4.5
汽车保有量下降10%	−56.0	22.4	−7.2	−8.6		13.1
汽车保有量上升5%	19.4	−7.7	2.5	3.0		−4.5
汽车保有量上升10%	38.7	−15.5	5.0	6.0		−9.0
城镇化水平下降5%	9.6	−3.1	1.2		−6.9	
城镇化水平下降10%	27.9	−9.1	3.6		−20.0	
城镇化水平上升5%	−9.7	3.1	−1.3		7.0	
城镇化水平上升10%	−19.2	6.2	−2.5		13.8	

　　由表 7.6 可知,社会投资量的变化对气候各要素的影响最大,汽车保有量次之,城镇化水平再次之,该结果同 7.2.5 小节结果一致。社会投资减少将导致降水量、降水日数和相对湿度的下降,但促进了平均气温和平均风速的增加;社会投资增加,其对气候要素的影响相反。汽车数量减少会促进日照时数和平均风速的提高,同时会降低降水量、平均气温和相对湿度;当汽车数量增加时,其影响作用相反。城市化水平降低促使降水量和平均气温的增加,并导致风速和降水日数的下降;城市化水平提高时,其效应同样相反。

　　总体来说,当社会投资总量、汽车保有量、城镇化水平等指标单一下降或上升,而其他指标保持不变时,其对气候各指标产生的影响较大,而当所有经济指标(总共 9 个指标)均在一定幅度下降或上升时对气候产生的影响则较小,表明各经济指标之间对气候的影响具有一定的缓和与抵消作用。

　　由于气候变化过程本身的不确定性和复杂性,通过人为活动的各项经济指标来精确定量模拟和预测其变化程度还存在很多困难,表 7.6 仅在一定程度上反映了降低或者提高经济指标能够改变气候各要素的可能变化趋势,虽然方程模拟的定量结果并不精确和客观,但该结果还是为我们开展减缓气候变化趋势措施研究提供了一定的参考。

7.2.7　减缓气候变化的适宜措施

　　《中国应对气候变化的政策与行动(2010 年度报告)》从政策和行动两个领域提出了减缓和适应气候变化的建议,其中,在减缓气候变化方面提出节约能源与提高能效、发展绿色低碳能源、增加森林碳汇和开展低碳试点省(区);在适应气候变化方面提出在农业、水资源、海洋、卫生、气象等领域加强工作;提出应对气候变化还要在法治保障能力、健全管理机制、加强统计监测和提高科技支撑能力方面进行革新;另外对电力、钢铁、石化、建筑、交通等方面提出指导意见。国家应对气候变化政策与行动主要从宏观角度来规划、规范和指导社会活动和行为,这些工作对于气候变化的减缓有很重要的积极作用。但从技术的角度来讲,如何控制和减少人类活动对气候变化的影响,需要具体的操作指南。

本节通过研究经济发展各指标对西北地区气候各要素的影响,发现不同经济指标对于气候要素的作用不同,影响程度存在较明显的差异,根据经济发展对西北气候影响的总体情况,提出以下减缓气候变化的可行措施:

(1)从减缓人为活动对气候变化影响的角度来说,减少社会投资是最有效的方法,但是西北地区的经济发展本身比较缓慢,经济水平比较低,减少社会投资必然阻碍社会发展,所以在不改变社会投资的基础上,只能从控制其他方面指标进行考虑。

(2)控制第二位因子,即控制和减少汽车数量、改善汽车尾气排放状况成为最可行的措施。我国人口众多,如果人均汽车拥有量达到发达国家水平,汽车燃油消耗大量激增势必加重对气候的影响,同时停车用地增加将进一步激化土地利用对气候的影响,因此控制汽车数量和改善汽车尾气排放对于减缓西北地区气候能够发挥显著作用。

(3)城镇化水平是影响西北气候变化的第三位因子。中国正在努力推进的城镇化对加快社会转型、提高国民生活质量、促进经济发展无疑是一个有效的手段。但是目前正在进行的城镇化以牺牲大量优质土地、破坏现有生态环境为代价;现行的城镇化只是简单地进行城区面积扩张,或者建设新城。这种低水平的城镇化建设既浪费了大量土地,大大减少了绿地面积,又改变了陆地原有面貌,成为导致局地气候恶化的主要原因之一。因此,要改变目前的不良局面,必须对城镇化发展从结构上进行优化,特别是要加强集约化的配置,尽可能提高对土地的利用率,减少因为社会发展对土地的浪费和对生态环境的破坏。这样才能在一定程度上减缓气候恶化的趋势。

(4)我国工业、服务业和建筑业(从水泥产量可以反映)的基础差,科学技术水平还比较低,单位产值的能源消耗是美国的3倍,日本的7倍。我国人口基数大,随着人们生活水平的提高,对能源资源的消耗将会进一步加大,因此,必须以加强科技研发和应用来推进工业、建筑业和服务业等行业的革新,提高效能,促进社会经济的良性发展和持续发展,才能减缓因为人为活动而导致的气候环境的加速变化。

7.3　小结

通过分析西北地区省会城市经济发展指标与城市气候要素之间的关系,利用多元逐步回归方法建立了经济发展对气候要素的数学模型,主要结论如下:

(1)城镇化水平与西北地区降水量、平均气温、风速和日照时数的相关度最好,水泥生产量和煤炭消耗与相对湿度的相关性较好,汽车数量对于降水日数有较明显的影响。

(2)经济发展对平均气温、日照时数、平均风速和相对湿度的模拟效果好,方程复相关系数高,而对降水量和降水日数的模拟较差。

(3)在模拟方程中社会投资、汽车数量、城镇化水平和服务业产值被引入次数最多,说明其对气候的影响比较重要。

(4)根据经济发展对气候要素的模拟,研究认为在西北地区减缓气候变化的适宜措施为:

控制汽车数量和改善汽车尾气排放；对我国城市发展进行结构和功能优化、减少其对土地表面物理特性的破坏和影响；以加强科技研发和应用来推进工业、建筑业和服务业等的革新，减少单位产值高能耗对环境的破坏和影响。

第8章　主要结论与展望

8.1　主要结论

　　气候变化对全球生态系统、人类居住环境和卫生健康等方面带来了显著的影响,以政府间气候变化专门委员会(IPCC)和世界经济合作组织(OECD)为代表的国际组织认为人类活动是推动全球气候变化的主要原因。OECD认为世界多数人口已经居住在城市,以城市发展为推动力的人为活动对气候变化的影响作用最大。但仍有许多科学家对全球气候变化提出质疑,更多的科学家认为气候变化评估的定量结论存在不确定性,并对推动气候变化的主要原因是否为人类活动提出疑问。

　　本研究选择我国经济发展相对落后的西北地区作为研究区域,以22个不同功能类型的城市为研究主体,选取了历史气候记录完整的136个气象站;对西北地区城市和乡村气象站进行了归类划分,通过综合对比,分析了城市经济发展过程与气温和降水变化的关系;探讨了城市发展与水汽压、风速、日照、极端气温等的关联影响作用。筛选确定了代表城市与经济发展的9个主要指标,以及影响西北气候的6个主要天气系统;采用Mann-kendal、Pettitt、Yamomoto等突变检测方法,分析确定了主导西北地区气候变化的主要因素。利用多元回归及数学建模等方法,建立了经济发展与气候要素相关性的模拟模型,对我国西北地区城乡气候变化趋势、城市发展对气候变化的贡献进行了系统的分析研究。

　　主要结论如下:

　　(1)近50年来,西北地区城市和乡村气温分别上升了1.70 ℃ 和1.63 ℃,但城市与乡村气温上升趋势仅相差0.07 ℃,远远低于国内以往的研究结果;经济发展水平、城市地理环境以及人口规模都能够增进城市对气温的影响,其中经济发展水平在这几个因素中发挥的作用最大;最低气温最容易受经济和城市化进展的影响,其在各气温要素中变率最大;1978年以来,高原和平原城市对气温的影响大约为绿洲城市的2倍;1978年后,特大城市和大城市总是表现出强烈的增温作用;城市人口增长对于城市气温效应的影响呈现出显著的对数关系,而城市海拔高度与城市效应之间没有明显关系;城市发展对于城市升温有10%～40%的正贡献。

　　(2)西北全区平均降水量在1980年以后呈现增加趋势,西北中西部区域为增加趋势,而东部为减少趋势;西北地区东部经济较发达地区、大城市和石油化工城市,降水量、降水日数、日最大降水量等要素改革开放后(1979—2012年)与改革开放前(1961—1978年)的趋势差为正值,这个正值产生的原因较为复杂,在东部发达地区是因为1978年后降水下降趋势比1978年前有明显的减少,而在石油化工城市和其他人口较多的城市,是因1978年后年降水量的净增量比1978年前明显增加;城市经济和化工业发展对降水的贡献率总体在10%～60%左右,但有一定比例的城市对降水上升趋势有负贡献。

（3）城市和石油化工工业发展对其他气候要素变化的影响主要为：西北地区省会城市的地面气压受城市经济发展影响呈现出微小的下降趋势，中小城市和其余区域的气压随经济发展表现为上升趋势；近50年西北地区水汽压表现出上升趋势，水汽压在时间和空间上的分布表明其对人为活动不敏感；风速在省会城市和化工城市表现出一定的增加，但在其余大部地区下降趋势显著；近50年日照变化趋势总体为缓慢下降，大城市和化工区对日照有明显的增加作用；最小相对湿度变化趋势为显著上升，人为活动对最小相对湿度的变化趋势的影响作用不明显；西北极端最高气温和极端最低气温呈现明显上升趋势，但极端气温的升温中心不在省会城市和化工城市，化工城市对极端最高气温的升温影响为副作用，而对极端最低气温的作用为正。

（4）西北地区经济与城市发展为抛物线型上升趋势，货币指标在1990年左右出现拐点，物化指标在1980年左右出现拐点；各天气系统的变化趋势不尽相同，转折时间相差较大，与西北气候关系密切的副高和西藏高原高度场的转折点出现在1980年左右，而印缅槽在1970年和1990年附近各有一个转折点；西北各气候要素的突变时间主要出现在1978年和1987年两个节点，这两个节点与城市经济发展的拐点、天气系统的转折点都比较接近；多年数据相关性表明，自然因素与气候要素的相关度略高于人为因素与气候要素，但人为因子的作用不可忽略。

（5）城镇化水平与西北地区气候要素的相关性最好，水泥生产量和煤炭消耗与空气相对湿度的负相关关系较高，汽车保有量对于降水日数有较明显的影响；经济与城市发展指标对气温、日照、风速和相对湿度的模拟效果好，而对降水量和降水日数的模拟较差；模拟方程中社会投资、汽车保有量、城镇化水平和服务业产值对气候的影响比较明显。

（6）研究认为：控制汽车保有量并改善汽车尾气排放；优化与调整城镇化结构和功能，减少对地面特性的不利影响；加强科技创新和应用来推进工业、建筑业和服务业等的革新，降低单位产值对资源环境的依赖程度等措施是适宜于西北地区采取的减缓气候变化的有效措施。

8.2　存在的不足

西北地区自然地理环境复杂、气候类型多样、生态景观破碎、人口分布不均、经济发展极不平衡，以上因素为科学研究提供了丰富的样本，但同时也增加了研究的难度，本研究从多种城市类型、多种气候要素和多个过程分析了城市经济发展对西北气候的影响，检测了人为活动对气候影响的贡献，虽然取得了一些初步成果，但是还存以下不足：

（1）本研究主要针对气候变化在区域性的面上研究开展了一些工作，对于局部地方的深入研究不足。西北城市类型多样，各种城市因为其所处的不同地理环境、气候环境、人文与经济条件等而具有不同的特质性，本研究仅从浅层分析了城市对气候的大致影响，而对产生影响的深层原因分析不够透彻。

（2）由于资料原因，未能开展土地利用对于气候的影响，在国外，土地利用作为人为活动影响气候变化的另一个主要方面已经被大量研究。在我国城市区域，土地利用和城市发展进程基本上是相伴随发生的；而在乡村，土地利用的变化也开始增强，原有的乡村院落逐渐被楼房代替，土路被水泥和柏油路代替，这些因素变化都能对乡村气候产生一定的影响，从而影响气候变化检测研究结果的精确度。

（3）本研究注重统计方面的分析，缺乏气候动力方面的补充支持。气候的变化是在一定的天气系统条件下、随着外力改变逐渐演进的。利用气候模式能够从其他方面对区域气候变化的成因进行分析,从而补充关于气候变化的论据。

8.3　需要继续加强的工作

基于以上研究工作不足的分析,本人将在今后开展后续研究,完善对西北地区气候变化检测的分析研究。

(1)在西北地区选择不同的典型城市,从地理环境、局地环流、人文条件等方面细致深入的分析这些区域的气候变化成因、变化趋势及人为影响。

(2)应用卫星遥感资料,获得城乡土地利用变化方面的数据,研究土地利用和城市经济发展对气候变化的分别影响和交互作用。

(3)应用区域和中小尺度气候和天气模式对城市空气环流进行模拟,从动力学的角度分析获得城市气候变化的成因,为检测人为活动的研究提供数据补充。

参考文献

[1] Jones P D,Raper S C B,Bradley R S,et al. Northern hemisphere surface air temperature variation:1851-1984[J]. J Clim App Meteorol,1986,25:161-179.

[2] Jones P,Briffa K. Global surface air temperature various during the twentieth century:part 1, spatial, temporal and seasonal details[J]. Holecene,1992,2(2):165-179.

[3] Hulme M,Osborn T J,Johns T C. Precipitation sensitivity to global warming:comparison of observations with HadCM2 simulations[J]. Geophys Res Lett,1998,25:3379-82.

[4] Jones P D,Hulme M. Calculating regional climatic time series for temperature and precipitation:methods and illustrations[J]. Int J Climatol,1996,16:361-77.

[5] Doherty R M,Hulme M,Jones C G. A gridded reconstruction of land and ocean precipitation for the extended tropics from 1974-1994[J]. Int J Climatol,1999,19:119-42.

[6] Karl T R,Knight R W. Secular trends of precipitation amount, frequency, and intensity in the USA[J]. Bull Am Meteorol Soc,1998,79:231-41.

[7] Mohammed H. Climate change and changes in global precipitation patterns:What do we know? [J]. Environment Internationa,2005, l 31:1167-1181.

[8] Groisman P Ya,Karl T R,Easterling D R,et al. Changes in the probability of heavy precipitation:important indicators of climatic change[J]. Clim Change,1999,42:243-83.

[9] Mekis E, Hogg W D. Rehabilitation and analysis of Canadian daily precipitation time series[J]. Atmosphere- Ocean,1999,37(1):53-85.

[10] Bogdanova E G, Mestcherskaya A V. Influence of moistening losses on the homogeneity of annual precipitation time series[J]. Russ Meteorol Hydrol,1998,11:88-99.

[11] Groisman P Ya,Rankova E Ya. Precipitation trends over the Russian permafrost-free zone:removing the artifacts of pre-processing[J]. Int J Climatol2001,21:657-78.

[12] Haylock M,Nicholls M. Trends in extreme rainfall indices for an updated high quality data set for Australia, 1910—1998[J]. Int J Climatol,2000,20:1533-41.

[13] Hennessy K J,Suppiah R,Page C M. Australian rainfall changes, 1910—1995[J]. Aust Meteorol Mag,1999,48:1-13.

[14] Dai A,Fung I Y,Del Genio A D. Surface observed global land precipitation variations during 1900—1988 [J]. J Clim,1997,10:2943-62.

[15] Zhai P M,Sun A,Ren F M,et al. Changes of climate extremes in China[J]. Clim Change,1999,42:203-18.

[16] Firing Y, Merrifield M A. Extreme sea level events at Hawaii:influence of mesoscale eddies[J/OL]. Geophysical Research Letters,2004,31:L24306. doi:10. 1029/2004GL021539.

[17] Vavrus S,Dorn J. Projected future temrperature and precipitation extremes in Chicago[J]. Journal of Great Lakes Research,2010,36:22-32.

[18] Roderlek M L,Fauhar G D. The cause of decreased Pan evaporatjon over the Past 50 years[J]. Seience,2002,298:1410-1411.

[19] Groisman PYa,Knight R,Karl T,et al. Contemporary changes of the hydrological cycle over the contiguous United States：trends derived from in situ observations[J]. Journal of Hydrometeorology,2004,5：64-85.

[20] Kunkel K E,Easterling D R,Redmond K,et al. Temporal variations of extreme precipitation events in the United States：1895—2000[J]. Geophysical Research Letters,2003, 30：1900.

[21] 林学椿,于淑秋. 近40年我国气候趋势[J]. 气象,1990,16(10)：16-21.

[22] 丁一汇,戴晓苏. 中国近百年来的温度变化[J]. 气象,1994,20：19-26

[23] 王绍武. 现代气候学研究进展[M]. 北京：气象出版社：2001.

[24] 唐红玉,翟盘茂,王振宇. 1951—2002年中国平均最高、最低气温及日较差变化[J]. 气候与环境研究,2005, 10(4)：728-735.

[25] 任国玉,郭军,徐铭志,等. 近50年中国地面气候变化基本特征[J]. 气象学报,2005,63(6)：942-952.

[26] 丁一汇,任国玉,石广玉,等. 气候变化国家评估报告（Ⅰ）：中国气候变化的历史和未来趋势[J]. 气候变化研究进展,2006,2(1)：3-8.

[27] 马晓波. 中国西北地区最高、最低气温的非对称变化[J]. 气象学报,1999,57(5)：614-621.

[28] 马柱国,符涂斌,任小波,等. 中国北方年极端温度的变化趋势与区域增暖的联系[J]. 地理学报,2003, 58(9)：11-19.

[29] 陈隆勋,朱文琴,王文,等. 中国近45年来气候变化的研究[J]. 气象学报,1998,56(3)：257-271.

[30] 翟盘茂,邹旭恺. 1950—2003年中国气温和降水变化及其对干旱的影响[J]. 气候变化研究进展,2005,1(1)：1618.

[31] Hu Z Z, Yang S,Wu R R. Long-term climate variations in China and global warming signals[J/OL]. Journal of Geophysical Research,2003,108：D19,4614. doi：10. 1029/2003JD003651.

[32] Li X W, Zhou X J,Li W L,et al. The cooling of Sichuan Province in recent 40 years and its probable mechanisms[J]. Acta Meteorologica Sinica,1995,53：57-68.

[33] 王遵娅,丁一汇,何金海,等. 近50年来中国气候变化特征的再分析[J]. 气象学报,2004,62(2)：228-235.

[34] 陆日宇. 华北夏季不同月份降水的年代际变化[J]. 高原气象,1999,18：509-519.

[35] 任国玉. 全球气候变化研究的现状与方向//中国气象学会秘书处. 大气科学发展战略[M]. 北京：气象出版社,2002.

[36] 秦大河,陈宜瑜,李学勇. 中国气候与环境演变[M]. 北京：科学出版社：2005.

[37] 赵宗慈,徐国昌,王ँ玲玲. 都市化对气候变化的影响[J]. 气象科技,1990,1：71-77.

[38] 邵雪梅,黄磊,刘洪滨,等. 柴达木东缘山地若干祁连圆柏树轮第一主成分重建德令哈千年降水量变化[J]. 中国科学(D),2004,34(2)：145-153.

[39] 郭军,任国玉. 黄淮海河流域蒸发量变化特征及其可能原因[J]. 水科学进展,2005,5：35-40.

[40] 翟盘茂,任福民,张强. 中国降水极值变化趋势检测[J]. 气象学报,1999,57(2)：208-216.

[41] McMichael A J,Campbell-Lendrum D H,Corvalan C F,et al. Climate Change and Human Health-Risks and Responses,World Health Organization,Geneva,2003. 333.

[42] Checkley W, Epstein L D,Gilman R H. Effects of El Niño and ambient temperature on hospital admissions for diarrhoel diseases in Peruvian children[J]. Lancet,2000,355：442-450.

[43] Pascual M, Bouma M J, Dobson A P. Cholera and climate：revisiting the quantitative evidence[J]. Microbes Infect,2002,4：237-245.

[44] Cayan D R, Douglas A V. Urban Influences on Surface Temperatures in the South-western United States During Recent Decades[J]. J Clim Appl Meteor,1984,23：1520-1530.

[45] Barnett T E. Detection of changes in global tropospheric temperature field induced by greenhouse gases

[J]. J Geophys Res,1986,91:6659-6667.

[46] Nelson Win L,Dale R E,Schaal L A. Non-climate trends in divisional and state mean temperatures:A case study in Indiana[J]. J Appl Meteor,1979,18:750-760.

[47] Potter K W. Illustration of a new test for detecting a shift in mean precipitation series[J]. Mon Wea Rev, 1981,109:2040-2045.

[48] Karl T R,Williams C N Jr, Young P J et al. A model to estimate the time of observation bias associated with monthly mean maximum, minimum, and mean temperature for the United States[J]. J Clim Appl Meteor,1986,25:145-160.

[49] Karl T R. Multi-year fluctuations of temperature and precipitation:The gray area of climatic change[J]. Climatic Change,1988,12(2):179-197.

[50] Kukla G, Gavin J,Karl T R. Urban warming[J]. J Clim Appl Meteor,1986,25:1265-1270.

[51] Hegerl G C,et al. The Physical Science Basis[M]. Cambridge Univ. Press,2007,663-745.

[52] Rosenzweig C,Karoly D,Vicarelli M,et al. Attributing physical and biological impacts to anthropogenic climate change[J]. Nature,2008,453:353-357.

[53] Grossman G M,Krueger A B. Economic growth and the environment[J]. Quarterly Journal of Economics,1995,110:353-377.

[54] Jauregui E. Heat island development in Mexico City[J]. Atmospheric Environment, 1997, 31 (22): 3821-3831.

[55] 何静. 中国城市化进程综合研究[D]. 成都:西南财经大学,2012.

[56] Pielke R A Sr,et al. The influence of land-use change and landscape dynamics on the climate system:Relevance to climate-change policy beyond the radiative effects of greenhouse gases[J]. Phil Trans R Soc, 2002,360:1-15.

[57] Yuji Hara,KaZuhiko Takeuch,Satoru Okubo. Urbanization linked with past agricultural landuse patterns in the urban fringe of a deltaic Asian mega-city:a case study in Bangkok[J]. Landscape and Urban planning,2005,73:16-28.

[58] Changnon S A. Inadvertent weather modification in Urban Areas:Lessons for global climate change[J]. Bull Amer Meteorol Soc,1992,73:619-752.

[59] Jin M L,Dickinson R E,Zhang D L. The footprint of urban areas on global climate as characterized by modis[J]. J Clim,2005,18:1551-1565.

[60] Howard L. The Climate of London[M]. London:Harvey and Darton Publisher.

[61] Renon E. Instruction meteoroloqignes[J]. Annuaire Soc Meteorol France,1855, 3(1):73-160.

[62] 任国玉. 地表气温变化研究的现状和问题[J]. 气象,2003,29(8):3-6.

[63] 初子莹,任国玉. 北京地区城市热岛强度变化对区域温度序列的影响[J]. 气象学报,2005,63:534-540.

[64] 林学椿,于淑秋,唐国利. 北京城市化与热岛强度关系的研究[J]. 自然科学进展,2005,15(7):882-886.

[65] 周雅清,任国玉. 华北地区地表气温观测中城镇化影响的检测和订正[J]. 气候与环境研究,2005,10(4): 743-753.

[66] He J F,Liu J Y,Zhuang D F,et al. Assessing the effect of land use/land cover change on the change of urban heat island intensity[J]. Theor Appl Ciimatol,2007,90:217-226.

[67] Ren G Y,Zhou Y Q,Chu Z Y,et al. Urbanization effects on observed surface air temperature trends in North China[J]. J Clim,2008,21:1333-1348.

[68] Gaffin S R,Rosenzweig C,Khanbilvardi R,et al. Variations in New York city's urban heat island strength over time and space[J]. Theor Appl ClimatoL,2008,94:1-11.

[69] Portman D. Identifying and correcting urban bias in regional time series:surface temperature in China's

northern plain[J]. J Climate,1993,6(6):2298-2308.

[70] Li Q X, Li W, Si P, et al. Assessment of surface air warming in northeast China, with emphasis on the impacts of urbanization[J]. Theor Appl Climatol,2010,99:469-478.

[71] 周淑贞,束炯. 城市气候学[M]. 北京:气象出版社:1994.

[72] Shepherd J M, Pierce H, Negri A J. Rainfall modification by major urban areas: Observations from spacebom rain radar on the TRMM satellite[J]. Journal of Applied Meteorology,2002,41:689-701.

[73] Shepherd J M. Evidence of urban-induced precipitation variability in arid climate regimes[J]. J Arid Environ,2006,67(4): 607-628.

[74] Schmass A. Groszstadte and Niedersoblag[J]. Meteorology,1927,(44)2:339-341.

[75] Rosenfeld D. Suppression of rain and snow by urban and industrial air pollution[J]. Science,2000, 287: 1793-1796.

[76] Givati A, Rosenfeld D. Quantifying precipitation suppression due to air pollution[J]. J Appl Meteorol, 2004,43:1038-1056

[77] Qian Y,et al. Heavy Pollution suppresses light rain in China:Observations and modeling[J/OL]. J GeoPhys Res,2009,114:D00K02. doi:10. 1029/2008JD011575.

[78] 任慧军,徐海明. 珠江三角洲城市群对夏季降雨影响的初步研究[J]. 气象科学,2011,31(4):391-397.

[79] 王喜全,王自发,齐彦斌,等. 城市化进程对北京地区冬季降水分布的影响[J]. 中国科学D辑:地球科学, 2008, 38(11):1438-1443.

[80] 梁萍,丁一汇,何金海,等. 上海地区城市化速度与降水空间分布变化的关系研究[J]. 热带气象学报, 2011,27(4):475-483.

[81] 廖镜彪,王雪梅,李玉欣,等. 城市化对广州降水的影响分析[J]. 气象科学,2011,31(4):384-390.

[82] Zhao C,Tie X,et al. A Possible positive feedback of reduction of precipitation and increase in aerosols over eastern central China[J]. Journal of Geophysieal Research,2006,3(11):L11814.

[83] 周淑贞,余碧霞. 上海城市对风速的影响[J]. 华东师范大学学报,1988,3:65-70.

[84] Changnon S A, Semonin R G, Auer A H, et al. METROMEX:A review and summary[J]. Meteor Monogn,1981,40:181.

[85] Doran J C,et al. The IMADA-AVER boundariy layer experiment in the Mexico City area[J]. Bulletin of the American Meteorological Society, 1998,79(11):2497-2508.

[86] Roatch M W et al. BUBBLE:an urban boundary layer project[J]. Theor AppL ClimatoL,2005, 81: 231-261.

[87] Calhoun R,Heap R,et al. Virtual towers using coherent Doppler lidar during the Joint Urban 2003 dispersion experiment[J]. J Climate Appl Meteor,2006,45:1116-1126.

[88] 徐祥德,丁国安,卞林根,等. BECAPEX科学试验城市建筑群落边界层大气环境特征及影响[J]. 气象学报,2004,62(5):663-671.

[89] Kalnay E,Cai M. Impacts of urbanization and land-use change on climate[J]. Nature,2003,423:528-531.

[90] Karl T R,Diaz H F,Kukla G. Urbanization:Its Detection and Effect in the United States Climate Record [J]. J Clim,1988,1 (11):1099-1123.

[91] Christy J R, Parker D E, BROWN S J, et al. Differential trends in tropical sea surface and atmospheric temperatures since 1979[J]. Geophysical Research Letters,2001,28:183-186.

[92] Schneider S H. What is"dangerous"climate change? [J]. Nature,2001,411:17-19.

[93] Gong D,Wang S. Uncertainties in the global warming studies[J]. Earth Science Frontiers (China university of geosciences, Beijing),2002,9(2):371-376.

[94] Hansen J,Ruedy R,Glascoe J,et al. GISS analysis of surface temperature change[J]. J Geophys Res,

1999,104:30997-31022.

[95] Jones P D, New M, Parker D, et al. Surface air temperature and its changes over the past 150 years[J]. Rev Geophys,1999,37(2):173-199.

[96] Jones P D, Groisman P Y, Coughlan M, et al. Assessment of urbanization effects in time series of surface air temperature over land[J]. Nature,1990,347:169-172.

[97] Hua L J, Ma Z G, Guo W D. The impact of urbanization on air temperature across China[J]. Theor Appl Climatol,2008,93:179-194.

[98] Ren Guoyu, Zhou Yaqing, Chu Ziying, et al. Urbanization effects on observed surface air temperature trends in North China[J]. Journal of Climate,2008,21:1333-1348.

[99] Fang F, Bai H, Zhao H, et al. The Urbanization effect in Northwestern China and Its Contribution to temperature warming[J]. Plateau Meteorology,2007,26(3):579-585.

[100]Du Y, Xie Z Q, Zeng Y, et al. Impact of urban expansion on regional temperature change in the Yangtze River Delta[J]. J Geogr Sci,2007,17:387-398.

[101]Lim Y K, Cai M, Kalnay E, et al. Observational evidence of sensitivity of surface climate changes to land types and urbanization[L/OL]. Geophys Res Lett,2005,32:L2271222. doi:10.1029/2005GL024267.

[102]Fall S, Niyogi D, Gluhovsky A, et al. Impacts of land use land cover on temperature trends over the continental United States: Assessment using the North American Regional Reanalysis[J]. Int J Climatol, 2010,30:1980-1993.

[103]Yang X C, Hou Y L, Chen B D. Observed surface warming induced by urbanization in east China[L/OL]. J Geophys Res,2011,116:D14113. doi:10.1029/2010JD015452.

[104]Trenberth K E. Climatology (communication arising): Rural land-use change and climate[J]. Nature, 2004,427:213.

[105]Vose R S, Karl T R, Easterling D R, et al. Climate (communication arising):Impact of land-use change on climate[J]. Nature,2004,427:213-214.

[106]Karl T R, et al. A new perspective on recent global warming: Asymmetric trends of daily maximum and minimum temperature[J]. Bulletin of the American Meteoro/ogical Society,1993,74(6):1007-1023.

[107]Lorenz E N. Determinstic non-periodic flow[J]. J Atmos Sci,1963,20:130-141.

[108]Lorenz E N. Nondeterministic theory of climatic change[J]. Quat Res,1976,6:495-506.

[109]Dansgaard W C. A new Greenland deep ice core[J]. Science,1982,218:1273-1277.

[110]符宗斌,王强. 气候突变的定义和检验方法[J]. 大气科学,1992,(4):483-493.

[111]符宗斌. 气候突变现象研究[J]. 大气科学,1994,(3):273-284.

[112]王绍武,朱锦红. 北极涛动对我国冬季日气温方差的显著影响[J]. 科学通报,2004,5:487-492.

[113]马波,马柱国. 过去45年中国干湿气候区域变化特征[J]. 干旱区地理,2007,1:7-15.

[114]肖栋,李建华. 全球海表温度场中主要的年代际突变及其模态[J]. 大气科学,2007,(5):839-854.

[115]Ding Y, Ren G, Zhao Z, et al. The detection and forecasting of climate changing in China[J]. Desert and Oasis Meteorology,2007,1(1):1-10.

[116]唐启义,冯光明. DPS数据处理系统[M]. 北京:科学出版社:2006.

[117]Wang S, Ye J, Gong D, et al. Construction of mean annual temperature series for the last one hundred years in China[J]. J Appl Meteor Sci,1998,19(4):392-401.

[118]周白江,王颖. 中国近46年冬季气温序列变化的研究[J]. 南京气象学院学报,2000,23(1):106-112.

[119]Li Q, Zhang H, Liu X, et al. Urban heat island effect on annual mean temperature during the last 50 years in China[J]. Theor Appl Climatol,2004,79:165-174.

[120]Helmut E. The Urban Climate[M]. New York: Academic Press,1981.

[121]Block A,Keuler K, Schaller E. 2004. Impacts of anthropogenic heat on regional climate patterns[J/OL]. Geophys Res Lett,2004,31:L12211. doi:10. 1029/2004GL019852.

[122]De Laat A,Maurellis A. Evidence for influence of anthropogenic surface processes on lower tropospheric and surface temperature trends[J]. Int J Climatol,2006,26:897-913.

[123]Simon J,Christopher J,Carol S,et al. Urban heat island features of southeast Australian towns[J]. Aust Mete Mag,2001,50:1-13.

[124]Oke T R. The urban energy balance[J]. Prog Phys Geog,1988,12(4):471-508.

[125]Maria J,Henrique A. Global warming and the urban heat island[J]. Urban Ecology,2008,249-262.

[126]He Y,Lu A,Zhang Z, et al. Seasonal variation in the regional structure of warming across China in the past half century[J]. Climate Research,2006,28:213-219.

[127]Hinkel K,Nelson F,Klene A,et al. The urban heat island in winter at Barrow. Alaska[J]. Int J Climatol, 2003,23:1889-1905.

[128]Kalnay E,Cai M. Impact of urbanization and land-use change on climate[J]. Nature,2003,423:528-531.

[129]Lowry W P. Empirical estimation of urban effects on climate: A problem Analysis[J]. J Appl Meteorol, 1977,16 (2):129-135.

[130]Russell D, Allen P. Applied Climatology:Principles and Practice[M]. London:Routledge Press,1997.

[131]Lisa V,Pandora H,Dean C,et al. Trends in Australia's climate means and extremes: a global context [J]. Aust Met Mag,2007,56:1-18.

[132]Jones P D. Hemispheric surface air temperature variations: a reanalysis and an update to 1993[J]. J Clim,1994,7(11):1794-1802.

[133]Lough J M. Regional indices of climate variations: temperature and rainfall in Queensland, Australia, 1910-1987[J]. Int J Climatol,1977,17:55-66.

[134]Oke T R. City size and the urban heat island[J]. Atmos Environ,1973,7:769-779.

[135]Hansen J,Lebedeff S. Global surface air temperature: update through 1987[J]. Geophys Res Lett,1988, 15(4):323-326.

[136]Mangeri M,Nanni T. Surface air temperature variations in Italy:recent trends and update to 1993[J]. Theor Appl Climatol,1998,61:191-196.

[137]Tian W,Huang Z,Hu C. Research on climate warming and urban island in Xi'an[J]. J Appl Meteor Sci, 2006, 17(4):48-443.

[138]Bai H,Ren G,Fang F. Characteristics of urban heat island effect and its influencing factors in Lanzhou [J]. Meteorological Science and Technology,2005,33(6):492-496.

[139]Peterson T C. Assessment of urban versus rural in situ surface temperatures in the contiguous United States: No Difference Found[J]. J Climate 2003,16(18):2941-2959.

[140]Li Qingxiang,Li Wei,Si Peng,et al. Assessment of surface air warming in northeast China, with emphasis on the impacts of urbanization[J]. Theor Appl Climatol,2010,99:469-478.

[141]Zhou L,Dickinson R,Tian Y,et al. Evidence for a significant urbanization effect on climate in China[J]. PNAS,2004,101(26):9540-9544.

[142]Jones P D,Moberg A. Hemispheric and large-scale surface air temperature variations: an extensive revision and an update to 2001[J]. J Clim,2003,16(2):206-223.

[143]Yang L. Preliminary study of the urban cold-heat island and its effects in the valley region[J]. Research of Environmental Sciences,1992,5:17-22.

[144]Luo G,Zhou C,Chen X,et al. Evaluation of the stability of the oasis at the regional scale[J]. J Natural Resources,2004,19(4):519-524.

[145]Pan Y, Liu S. A numerical simulation study on regional climate effect over oasis area[J]. Acta Scientiarum Naturalium Universitatis Pekinensis, 2008, 44(3): 370-378.

[146]Su C, Hu Y. The structure of the oasis cold island in the planetary boundary layer[J]. Acta Meteorologica Sinica, 1987, 45(3): 322-328.

[147]Jones P D, Lister D H, Li Q. Urbanization effects in large-scale temperature records, with an emphasis on China[J/OL]. J Geophys Res, 2008, 113: D16122. doi: 10.1029/2008JD009916.

[148]Trenberth K E. Uncertainty in hurricanes and global warming[J]. Science, 2005, 308: 1753-1754.

[149]Huff F A, Changnon S A Jr. Climatological assessment of urban effects on precipitation at St. Louis[J]. J Appl Meteorol, 1972, 11: 823-842.

[150]Changnon S A Jr, Shealy R T, Scott R W. Precipitation changes in fall, winter, and spring caused by St. Louis[J]. J Appl Meteorol, 1991, 30: 126-134.

[151]施雅风, 沈永平. 西北气候由暖干向暖湿转型的信号、影响和前景初探[J]. 科技导报, 2013, 2: 54-57.

[152]宋连春, 张存杰. 20世纪西北地区降水量变化特征[J]. 冰川冻土, 2003, 25(2): 143-148.

[153]李志, 郑粉莉, 刘文兆. 1961-2007年黄土高原极端降水事件的时空变化分析[J]. 自然资源学报, 2010, 25(2): 291-299.

[154]Zhai P M, Sun A, Ren FM, Liu X, et al. Changes of climate extremes in China[J]. Clim Change, 1999, 42: 203-18.

[155]周俊菊, 石培基, 师玮. 1960-2009年石羊河流域气候变化及极端干湿事件演变特征[J]. 自然资源学报, 2012, 27(1): 143-153.

[156]郭元喜, 龚道溢, 汪文珊. 中国东部夏季云量与日气温统计关系[J]. 地理科学, 2013, 33(1): 104-109.

[157]Parker D E. Large-scale warming is not urban[J]. Nature, 2004, 432(7015): 290.

[158]http://news.xinhuanet.com/yzyd/local/20130929/c_117561268.htm.